낭만식당

낭 만
식 당

마음이 담긴 레스토랑과
소박한 음식의 이야기들

박진배

나를 '이치자 켄리츠(一座建立)'와 '이키(いき)'의 세계로 초대해 준
이토 야스오(伊東康雄) 선생에게 이 책을 바칩니다.

당신의 라스트 신은 무엇인가

오래전 서울, 어느 기업의 외식산업 프로젝트에 참여한 적이 있다. 회의 도중 고문을 담당하던 이토 야스오 선생이 질문을 했다.

"우리 모두 각자 인생의 라스트 신을 한번 이야기해 보자."

다소 의아해하는 참석자들에게 그는 곧바로 부연 설명을 했다.

"많은 영화감독은 라스트 신을 생각하면서 영화를 만든다.
서로의 라스트 신이 같지 않으면 우리는 이 프로젝트를
끝까지 함께할 수 없을 것이다."

나는 주저하지 않고 가장 먼저 대답했다. "안개가 자욱한 뉴욕의 새벽녘, 나의 레스토랑 문을 열쇠로 따고 들어가는 것."이라고.

다른 사람들도 각자 자신의 라스트 신을 이야기했다. 하지만 우리 중 한 명은 이야기하지 못했다. 이 프로젝트는 몇 개월 후 결정적으로 그로 말미암아 중단되었다.

　인생의 라스트 신. 참으로 중요한 것이다. 아내와 처음으로 만나던 날, 나는 나의 라스트 신을 이야기했고 아내는 그 말에 감동했다. 그로부터 7년 후 나는 그걸 만들었다. 뉴욕에 나의 레스토랑을 오픈했다. 몇 년간 하루도 빠지지 않고 새벽 세 시 반이면 일어나 다섯 시에 레스토랑 문을 열었다. 10여 년 동안 하루에도 몇 번씩 꿈꾸던 나의 라스트 신. 그런데 그 라스트 신이 인생의 끝이 아니라 또 다른 시작이라는 것을 깨닫기까지는 오랜 시간이 걸리지 않았다. 레스토랑의 문을 여는 장면은 낭만이었지만 그때부터의 전쟁은 현실이었다. 나의 라스트 신은 새로운 서막일 뿐이었다. 그때부터 레스토랑의 궁극적 목표인 '일좌건립(一座建立)'

을 위해서 아주 오랜 시간 매일 노력했다.

　우리에게 라스트 신이라는 표현은 영화를 통해 친숙하게 다가올 것이다. 많은 명화가 잊지 못할 라스트 신을 우리의 기억 속에 남겨 주었다. 간혹 허접한 속편이 나오기도 하지만, 대부분 영화에는 라스트 신 이후의 스토리는 없다. 하지만 실제 인생에서는 라스트 신이 끝이 아니라 시작인 경우가 더 많다. 영화의 라스트 신이 낭만이라면 현실의 라스트 신은 실존이다. 인생은 언제나 과정이니까. 라스트 신에서 새롭게 시작하더라도 또 다른 라스트 신을 품어야 하는 것과 같다. 그것이 없다면 꿈도 인생도 없는 거니까.

레스토랑은 멋진 무대다

레스토랑은 맛 자체뿐만 아니라 음식을 즐기고 함께하는 사람과 대화하며 좋은 시간을 보내는 장소다. 고도로 발달한 정보화 시대, 패스트푸드와 배달 음식이 기승을 부리지만, 다행스럽게도 음식 문화만큼은 중세 시대로 돌아가고 있다. 요리의 기쁨과 정성껏 준비한 음식을 담는 그릇, 식사를 즐기는 공간에서의 예술적 체험은 우리에게 잊을 수 없는 기억을 선사한다.

레스토랑의 역사는 18세기 파리에서 시작되었다. '회복(Re-store)'이란 뜻의 라틴어에서 유래되었듯 처음엔 약재나 허브티 등을 달여 마시고 기력을 회복하는 장소였다. 방문자들의 컨디션이 회복되면서 허기를 느껴 음식을 찾게 되었고, 레스토랑은 이런 상업적 기회를 놓치지 않았다. 그러면서 음식과 더불어 서비스, 마케팅, 디자인, 문화가 결합한 총체적인 패키지로 발전해 오늘날의 모습을 갖추게 된 것이다.

레스토랑 영업 시작 전, 홀과 주방의 상태를 일컫는 말이 있다. '미장 플라스(Mise en place)'다. 프랑스어로 모든 것이 제자리에 있는 '완벽한 준비 상태'를 뜻한다. 영화 분야에서 장면을 결합한 이미지를 뜻할 때 쓰는 단어 '미장 센(Mise en scene)'과 유사하다. 막이 오르기 전 무대감독과, 레스토랑 영업 개시 직전 셰프도 같은 표현을 쓴다.

"무대가 열렸다(La maison est ouvert)!"

이처럼 레스토랑은 마치 연극 무대와 같은 공간이다. 직원은 배우, 고객은 관객, 주방은 무대, 음식과 디자인은 소품, 서비스는 대사다. 그러므로 레스토랑을 방문하는 것은 한 편의 멋진 공연을 관람하는 것과 같아야 한다. 고객이 자기 취향에 맞춰 메뉴를 정하고 앞에 놓인 접시에 담긴 음식을 즐기는 것처럼 레스토랑에서의 경험도 달라야 한다. 비일상적인 체험을 할 수 있어야 한다. 그래서 레스토랑은 고객에게 마술을 선사해야 한다. 하나의 극장, 한 편의 공연이기 때문이다.

이 책은 크게 두 장으로 나뉘어 있다. 첫 번째 장은 외식산업 연구와 나의 레스토랑 프로젝트를 위한 답사 장소 중 인상 깊었던 스무 곳의 미식 일지다. 장작불만으로 식재료를 미식의 경지로 만들어내는 아사도(Asador), 뉴욕의 진풍경을 상징하는 델리나 정감 있는 노포들, 최고의 요리를 선보이는 셰프들의 레스토랑을 소개하고 있다.

두 번째 장은 다양하고 흥미로운 음식 이야기들이다. 핫도그, 햄버거, 피자, 베이글, 감자튀김 등 세계적으로 보편적이고 친숙한 음식들의 탄생 이야기와 치킨 와플, 스팸, 바비큐와 같은 메뉴들의 역사적 배경, 그리고 잉글리시 브랙퍼스트나 중국집의 회전 테이블, 할렘의 소울 푸드 등의 심오한 문화적 의미를 담고 있다.

이 책을 읽는 동안 이 책도 여러분을 읽을 것이다. 그리고 책 속의 음식들과 셰프들이 여러분을 그들의 세계로 초대할 것이다. 또한 나의 이야기를 통해 맛있는 음식과 레스토랑에서의 행복한 경험을 상상할 수 있기를 기대한다. 레스토랑은 그 이름과 제공되는 음식만으로도 손님을 어딘가로 여행시켜 준다. 문학가들의 집필 소재로 애용될 만큼 매일 저녁 수많은 사연이 만들어지는 곳이기도 하다.

레스토랑은 '인생의 스타일(Style in Life)' 그 자체다. 음식에 대한 가치 기준을 제시하는 것은 라이프스타일을 제시하는 것이다.

MENU

Chapter 1 · Plat   **미식가의 여정**

Chapter 2 · Gourmandises   맛, 사람, 문화

Plat;

프랑스 정찬요리의 주메뉴

Chapter 1 # 미식가의 여정

"가공되지 않은 순수함은
화려한 겉치레보다 훨씬 이루기
힘든 경지다. 여기에 이르기까지의
시간 역시 끝없는 인내와
극도의 섬세함을 요구한다.
그래서 그의 요리에서 느껴지는
가식 없는 풍미와 완벽함에는
영혼이 깃들어 있다."

01

Bourgogne

나비처럼 날아간 부르고뉴의 셰프

2003년 2월 24일, 프랑스 부르고뉴 지방의 대표 셰프 베르나르 루아조(Bernard Loiseau)가 스스로 목숨을 끊었다. 미슐랭 쓰리 스타를 오랜 기간 유지하던 그의 레스토랑이 투스타로 강등될 거라는 소문으로 인한 스트레스, 그리고 몇 해 전 시작했던 식재료 사업의 부진이 원인이었다. 동네 사람들에게 '버터플라이 로빈슨'이라는 애칭으로 불렸던 그는 그렇게 나비처럼 날아갔다.

'베르나르 루아조' 레스토랑은 부르고뉴 지방의 한적한 마을 솔리우(Saulieu)에 있다. 이곳은 프랑스에 고속도로가 개통되기 전인 1960년대에는 내륙인 파리에서 지중해의 니스(Nice)나 칸(Cannes) 등 코트다쥐르(Côte d'Azur) 휴양지로 향하는 길목이었다. 거쳐 가는 길이자 하루 묵기에 적당한 위치여서 많은 사람이 들렀던 마을이다. 레스토랑이 있는 건물도 원래는 호텔로 지어졌다. 과거 엘리자베스 테일러와 리처드 버턴이 투숙해서 호텔 한 편에 그들의 흑백사진도 보인다. 호텔 내부에는 복도마다

(위)　레스토랑 '베르나르 루아조' 전경.

(아래)　레스토랑 내부의 라운지.

'20세기의 마지막 구상화가'라는 별명의 베르나르 뷔페의 판화 작품이 걸려 있다.

'20세기의 마지막 구상화가'라는 별명의 베르나르 뷔페(Bernard Buffet)의 판화 작품도 걸려 있다. 한국에서도 전시회가 열렸을 만큼 유명한 프랑스 작가다. 그는 베르나르 셰프와 각별한 친구였는데, 두 사람 모두 스스로 생을 마감한 건 참으로 슬픈 아이러니다.

2012년 부르고뉴 지방을 여행하던 중 결혼 10주년 저녁 식사를 위해 이곳을 찾았다. 당시에는 미망인 도미니크 루아조가 남편의 수제자와 함께 레스토랑을 운영하고 있었다. 여전히 미슐랭 쓰리스타였다. 흠잡을 데 없이 정교하고 맛있는 음식이 친절하고 정확한 서비스와 함께 제공되었다. 본격적인 식사가 시작되기 전, 나무 쟁반에 여러 종류의 빵을 들고 온 웨이트리스가 설명을 시작했다.

"이쪽은 유기농(Organic), 가운데는 지역산(Local), 그리고 저쪽은 직접 만든 것(Home-made)입니다."

그런데 이상하다. 지역산이 유기농일 수 있고, 직접 만든 것 역시 유기농일 수 있고, 또 당연히 지역산일 테고…. 그래서 다시 한번 차이점을 물었다. 영어가 서투른 웨이트리스는 잠시 생각하더니 웃으면서 대답했다.

"그냥 다 골고루 맛보세요."

프랑스어로 쓰여 있던 사슴 요리에 관해 물으니 "밤비!"라고 말하
며 미소 지었다. 아주 작은 뿌리채소들과 잎으로 정갈하게 장식된
야채 요리 접시에 맑은 국물 소스를 부으며 설명을 이어갔다.

"지금 정원에 물을 주고 있어요."

이 얼마나 시(詩)적이고 근사한 표현인가?

식사 중 레스토랑을 둘러보니 외국인은 거의 없는 듯했다. 도
미니크는 "우리 집에 한국에서 온 손님은 처음이다."라며 반갑게
맞아주었다. 테이블 곁에 서서 남편의 이야기를 들려주며 당시
평가 기준이 바람직하지 않았다며 안타까워했다.

124년 전인 1900년에 처음 발행된 미슐랭 가이드북은 레스토
랑 평가의 바이블이 되었다. 이탈리아, 영국, 독일 등의 유럽 국가
로 영역을 확장하던 미슐랭은 10여 년 전부터 미국과 아시아에
도 상륙했다. 하지만 프랑스 요리와 같이 다소 정형화된 음식을
기반으로 만들어진 평가 기준은 다른 대륙의 식문화를 포괄하기
역부족이었다. '최고 미식가들의 평가'라는 권위는 흔들렸고 그
한계를 드러냈다. 미슐랭 별을 받고도 거부하는 셰프들도 늘어났

다. 체면을 구긴 미슐랭은 행사와 홍보를 대폭 축소했다.

근래에 많은 음식 전문가는 빅데이터를 기반으로 한 평가와 다른 정보들을 더 신뢰하고 있다. 별의 개수가 가치평가 기준이 되고 마케팅 수단이 되면서 외식산업의 본질이 왜곡되는 것도 부정적 측면이다. 평점을 위해 경쟁이 부추겨지고, 요리사 지망생들은 '훌륭한 셰프'가 아니라 '유명한 셰프'가 되고 싶어 한다. 음식을 먹고 지인들과 어울리는 행복한 경험을 제공하는 레스토랑이 지나친 상업주의 경쟁에 휘말리는 일은 비극이다. 영화 '패튼'으로 1971년 아카데미 남우주연상이 확정된 배우 조지 스코트가 수상을 거부하며 남긴 문장이 새삼 다가온다.

"배우는 경쟁하는 것이 아니다."

2022년, 10년 만에 이곳을 다시 찾았다. 도미니크는 은퇴하고 두 딸이 아버지의 수제자와 함께 조리를 담당하고 있었다. 우리를 기억하는 매니저가 친절하게 안내해 주며 여러 이야기를 들려주었다. 베르나르 셰프를 비극으로 이끈 원인 중 하나였던 식재료 사업들, 즉 잼, 피클, 푸아그라를 생산하는 일도 지금은 아주 잘 되고 있다고 한다.

(위)　　　　　2012년 만난 도미니크 루아조. 우측에 서서 손님들을 응대하고 있다.
(아래 왼쪽)　　레스토랑 '베르나르 루아조'의 테이블 세팅.
(아래 오른쪽) 레스토랑 평가의 바이블이 된 미슐랭 가이드북.

프랑스 옹플레르(Honfleur) 마을.

프랑스 바이유(Bayeux) 마을.

프랑스 마르세유(Marseille)의 수산시장.

(왼쪽) 노르망디(Normandie) 지방 수산시장의 해산물 진열.

(오른쪽) 프로방스(Provence) 지방 '릴 쉬르 라 소르그
(L'Isle-sur-la-Sorgue)' 마을의 과일 노점상.

02

London

런던 리츠, 럭셔리는 진정한 환대로부터

역사상 요즘만큼 많은 사람이 화려함을 추구했던 시기는 없었다. 호화로움은 한때 특정 계층의 전유물이었으나 지금은 누구나 동경하는 라이프스타일이 되었다. 그리고 대도시의 특급호텔들은 언제나처럼 럭셔리의 상징으로 자리매김하고 있다. 그 대명사로 통하는 장소는 바로 '리츠(Ritz)'다.

몇 해 전 런던을 방문했을 때, 한 번의 럭셔리 경험을 위해 '세계 최고의 서비스'를 자랑한다는 리츠에서 묵었다. 체크인 후 호텔 내부를 돌아다니며 런던에서 크리스마스 기분을 가장 잘 느낄 수 있다는 로비의 트리 장식도 눈에 담고, 매일 4백 명의 고객이 먹는다는 미니 샌드위치가 포함된 애프터눈 티 세트도 맛봤다. 호텔의 다른 공간도 둘러보다 마주치는 직원들은 한결같은 미소로 인사하며 불편한 점을 묻고, 안내를 자원했다. 그러던 중 레스토랑 서비스 준비를 위해서 직원들이 회의하는 모습을 보게 되었다. 전원이 정장 차림으로 꼿꼿이 서서 매니저의 지시사항을 경

런던 '리츠' 로비. 이 호텔의 디자인은 '전 세계 호텔이
모방하고 싶어 하는 스타일'이라는 표현을 구현한 공간이다.
1906년 개관한 이후부터 현재까지 영국을 대표하는 특급호텔이다.

청하는 모습은 무척 인상적이었다. 역시 레스토랑의 핵심은 백스테이지에 해당하는 B.O.H(Back of the House)라는 점이라는 게 떠오르는 순간이었다.

예약 시간에 맞춰 입장한 레스토랑의 인테리어는 신고전주의(Neo-classicism)라고도 불리는 루이 16세 스타일이다. 과연 '마리 앙투아네트가 행복할 수 있도록'이라는 디자인의 주제로 꾸며진 '전 세계 호텔이 모방하고 싶어 하는 스타일'이라는 표현이 실감 났다. 아주 긴 세월 있어 왔고, 앞으로도 영원히 존재할 것 같은 그런 공간이다. 이 레스토랑은 프랑스 요리의 근간을 개척한 조지 오귀스트 에스코피에(Georges Auguste Escoffier)와의 결합으로 탄생한, 호텔 파인 다이닝의 원조로 평가받는 곳이다. 수많은 세계의 유명 셰프와 호텔리어들이 거쳐 간 곳으로 오랫동안 미식 사관학교의 역할도 해왔다.

한 세기 전, 이 레스토랑이 문을 엶으로써 런던 상류층의 다이닝 패턴이 바뀌었다. 상류층 고객들이 정장 차림을 하고 저녁 식사를 위해 호텔로 향하는 문화가 만들어진 것이다. 창립자인 세자르 리츠(Cesar Ritz)는 귓가에 클래식 음악이 맴돌고, 다리미질한 테이블보 위에 반짝이는 접시와 은장식으로 꾸며진 테이블 세팅, 그리고 화려한 샹들리에가 시선에 담길 때 고객은 집중력을 잃어버리고 비용에 연연하지 않는다고 믿었다. 미국에서 온 손

호텔 내부의 레스토랑은 '마리 앙투아네트가 행복할 수 있도록'이라는
주제로 완성된 루이 16세 스타일이다.

님에게 "유럽의 물은 더러우니 보르도 와인을 마셔라."라며 매상
을 올렸던 아이디어도 세자르의 머리에서 나온 것이다. 현재도
이 레스토랑에서는 특별히 엄선된 와인 리스트와 더불어 계절 식
자재와 엊그제 사냥으로 잡아온 꿩과 야생오리, 그리고 옥상에서
양봉으로 직접 얻어낸 꿀을 요리에 쓴다. 테이블 서비스 역시 마
치 요한 스트라우스가 지휘하는 오케스트라처럼 조화롭다.

영국 음식은 가혹한 기후 조건과 비옥하지 않은 토지에서 생
산되는 식재료로 만들어져 맛이 없는 걸로 정평이 나 있다. 하지
만 영국의 신사들은 이런 조건 속에서도 일찌감치 테이블 매너를
갖추며 레스토랑에서의 고객 경험을 최고 수준으로 끌어올렸다.

영화 '오만과 편견(Pride and Prejudice)'의 한 장면처럼 한낱 통 감자 몇 알을 제공하더라도 격식을 갖추어서 한다. 오늘날 외식 산업의 수도 중 하나가 런던인 것은 그 이면의 빈틈없는 서비스 덕분이다.

잘 알려진 것처럼 리츠의 전설은 스위스 산간마을 출신의 호 텔리어인 세자르로부터 시작되었다. 구두닦이, 문지기, 짐꾼, 웨 이터 등 숱한 직업을 거치며 여러 경력을 쌓았던 파란만장한 인 생사는 지금의 리츠를 만드는 토대가 되었다. 그의 이름은 호화 호텔의 대명사가 된 지 오래다. 심지어 영어에서 '리치(Ritzy)'는 '럭셔리, 우아함, 비쌈, 완벽함, 팬시한 스타일'을 뜻하는 형용사 로 통용될 정도다.

세자르는 몬테카를로의 그랜드 호텔(Grand Hotel)에서 매니 저로 일하던 당시 콜레라 유행을 겪고는 위생 문제의 심각성을 인 지해 호텔 방마다 수도시설과 화장실, 욕조를 배치했다(이전에는 특급호텔들도 한 층에 화장실이나 욕실 한두 개를 공유하곤 했다). 이후 스위스 루체른의 내셔널 호텔(National Hotel)에서 근무할 때는 '이벤트'라는 개념을 고안해 각종 파티와 결혼식 등을 유치하 기도 했다. 이외에도 엘리베이터 설비를 도입하고, 룸서비스를 위 한 별도의 주방을 마련하는 등 오늘날 호텔에서 제공하는 서비스 의 대부분이 그의 아이디어에서 비롯되었다. 언제나 3백여 벌의 옷

(위)　레스토랑 영업 준비 전 직원회의 모습.

(아래)　컨시어지 데스크. '리츠'의 컨시어지는 정확하고 철저한
　　　서비스로 손님의 요구를 만족시키는 걸로 정평이 나 있다.

을 구비하고, 하루에 서너 번 갈아입을 정도로 외모 단장에도 신경 쓰던 그의 습관은 오늘날 호텔리어의 매뉴얼로 자리 잡았다.

1898년 문을 연 파리의 리츠 이어서 1906년 개관한 런던의 리츠는 그 전통을 유지하고 발전시키는 대표적인 호텔이다. 두 호텔 모두 당시 최고의 디자이너를 고용해 인테리어뿐 아니라 가구, 그릇과 집기까지 모두 주문 제작으로 만들었다. 특히 리츠의 컨시어지는 손님의 모든 요청을 다 들어주는 걸로 정평 나 있다. 바닷물로 목욕하고 싶다는 고객을 위해서 런던에서 두 시간 떨어진 브라이튼(Brighton) 해변에서 해수를 운반해 욕조를 채운 일이나 급한 업무로 긴급 운송수단이 필요하다는 미국대사의 요청에 따라 두 시간 만에 헬리콥터를 빌려온 일도 있었다.

런던 리츠는 1990년 한화 약 6백억 원의 공사비를 들여 대대적으로 리모델링했다. 천장에 일일이 금박을 붙이고 엘리베이터 내부에는 화가가 직접 여인의 초상화를 그렸다. 덕분에 현재까지도 영국 최고의 특급호텔이라는 명예를 누리고 있다. 그리고 첫 영업을 시작했을 때처럼 고객들에게 잊지 못할 경험을 선물한다. 창업자 세자르는 '환상의 세계'를 꿈꾸었고 많은 고객이 그의 판타지에 동참했다. 지금도 세계의 셀러브리티들과 멋쟁이들은 런던 리츠 호텔을 찾는다. "리츠는 나의 사회적 위치를 말한다."라는 표현처럼 호텔계의 영원한 클래식이다.

03

Tokyo

음식으로도 기억된 세기의 디바

나에게는 지금은 작고한 일본인 멘토가 한 명 있었다. 외식업계의 대부이자, 실무적인 지식뿐만 아니라 이야기하는 내용이 늘 철학적이어서 개인적으로 무척 존경했던 분이다. 오래전 뉴욕에 한식당을 오픈하겠다는 계획을 의논하기 위해 도쿄의 프렌치 레스토랑 '본 페메(Bonne Femme)'에서 그를 만났다. 멘토와 잘 아는 셰프가 운영하는 식당이었다. 와인과 함께 샐러드, 수프, 연어, 양고기, 디저트 등의 코스 요리가 나왔는데 음식이 기대만큼 썩 맛있지는 않았다. 식사를 마칠 때쯤 매니저가 우리 테이블로 다가와서 나의 멘토에게 물었다.

"음식에 대해서 셰프가 한 말씀 듣고 싶다고 합니다."

잠시 침묵하던 멘토는 답했다.

마리아 칼라스 기록물 전시.

"오늘 마리아 칼라스(Maria Callas)는 좋았다."

레스토랑에서 음식이 별로였을 때 불평하기보다는 그중 괜찮았던 음식을 칭찬하는 법을 멘토에게 배웠다.

그나저나… 마리아 칼라스? '세기의 디바', '오페라의 여왕'으로 불리며 20세기를 대표했던 소프라노의 이름이 아닌가? 의문이 생겼던 나는 호텔 방으로 돌아와 그 음식의 유래를 찾아보았다. 정말 '마리아 칼라스'라는 음식이 있었다. 아테네도, 뉴욕도, 파리도 아닌 도쿄에서 탄생한 음식이다. 이 음식은 도쿄 교바(京

橋)에 1984년 문을 연 프렌치 레스토랑 '셰즈 이노(Chez Inno)'에서 시작되었다. 프랑스 전통 요리를 추구하며, 거칠지 않고 복잡한 향과 풍미가 깊은 소스로 특히 정평이 난 곳이다. 내부는 정통 아르데코(Art Deco) 스타일로 천장이 높고 탁 트여 있어 마치 파리 샹젤리제 거리에 있는 극장과 같은 느낌을 준다. 오너 셰프인 아사히 이노우에는 마리아 칼라스가 '맥심(Maxim, 전 세계의 명사들이 단골로 찾던 20세기 세계에서 가장 유명했던 파리

이탈리아 베로나(Verona)의 '두에 토리(Due Torri) 호텔'의 마리아 칼라스 그림.
과거 이 호텔에 마리아 칼라스가 손님으로 묵었고, 그를 기념하기 위해 설치되었다고 한다.

의 고급 레스토랑이다)'에서 즐겨 먹던 음식, 즉 양고기에 푸아그라와 송로버섯을 넣고 얇은 파이로 감싸서 구워낸 요리를 자신들의 대표 메뉴로 정하고, 그녀의 이름을 붙인 것이다. 음식에 스토리를 담아내고 명명하기 좋아하는 일본인들의 성향이 반영된 예다. 간혹 일본 문학에도 '친구들끼리 모여서 마리아 칼라스를 먹는 모임' 같은 표현이 등장할 만큼 일본의 양식당에서 자주 보이는 메뉴다. 이후에 이 음식이 인기를 얻으며 고기를 다른 재료로 감싸는 스타일의 요리를 통칭하게 되었다.

사실 이런 방식은 역사적으로 종종 응용되어 왔다. 고기가 다른 재료와 어울리면서 복합적인 풍미를 지니게 되고, 접시에 담았을 때 정갈하고 예뻐서 그렇다. 대표적인 예가 '비프 웰링턴(Beef Wellington)'이다. 소고기 안심을 파이 반죽으로 싸서 구운 영국 음식이다. 또 다른 요리는 역시 소고기 안심을 토스카나 지방의 토종 돼지 '친타 세네즈'의 비계로 감싼 이탈리아의 스테이크 요리(Filetto di manzo con lardo Cinta Senese)다. 고기를 구울 때 수분이 증발되어 건조해지는 표면에 돼지비계를 둘러 지방과 염도를 적절히 가미한 요리다. 1970~1980년대 우리나라 경양식집에서도 다소 질이 떨어지는 소고기를 베이컨으로 감싸서 그 맛을 보완하고는 했다. 생활의 지혜가 담긴 표현 하나가 떠오른다.

"예산이 넉넉하지 않을 때는 정육점에서 질 낮은 소고기를
사고, 최상 등급의 소에서 나온 기름을 얻어서 같이 구워라."

올해는 마리아 칼라스의 탄생 102주년이다. 그녀는 생전에 유명
했던 목소리, 영화로도 제작된 파란만장한 인생과 더불어 특별한
음식 이름의 하나로도 기억되고 있다.

(위)　뉴욕의 레스토랑 '수길(Soogil)'의 '비프 웰링턴' 요리.
(아래) 이탈리아 토스카나 지방의 토종 돼지 비계로 감싼 스테이크.

04

San Sebastián

영혼이 깃든 그릴

빵모자를 즐겨 쓰고, 자신들의 고유 언어를 사용하는 스페인의 바스크(Basque) 지방. 이곳이 유명해진 것은 아마도 1997년 빌바오(Bilbao)에 구겐하임 미술관이 건립된 이후부터일 것이다. 하나의 기념비적 건축물을 유치하는 것이 도시디자인의 성공 사례로 꼽히면서 수많은 도시계획 관계자와 관광객들이 이곳을 다녀갔다. 면적 대비 미슐랭 별의 개수가 세계에서 가장 많다는 인근 도시 산 세바스티안(San Sebastián) 또한 미식 여행이 유행하는 요즘 식도락가들의 성지로 꼽힌다. 이 도시에 '아사도르 에체바리(Asador Etxebarri)'라는 아주 독특한 레스토랑이 있다. 바스크 언어로 아사도는 '그릴', 에체바리는 '새로운 집'이라는 뜻이다.

찾아가는 길은 아주 아름답다. 레스토랑이 있는 아촌도(Atxondo) 계곡엔 안개비가 자주 내린다. 초원길이 구불구불 이어지고 말들이 한가롭게 풀을 뜯는다. 마을 풍경이라곤 돌을 쌓아 지은 몇 채의 집들, 그리고 사암(砂巖)으로 지어진 교회 하나가 전

산 세바스티안의 '아사도르 에체바리' 입구.

부다. 애초 헛간이었던 이 건물은 주인 겸 주방장인 빅토르 아르긴소니스(Victor Arguinzoniz)가 사서 직접 레스토랑으로 개조해 1990년 문을 열었다.

빅토르는 전기도 가스도 없는 집에 살았고, 그의 할머니는 매일 장작을 때서 요리해 주었다. 그는 자연스럽게 불에 관심을 가졌고, 훗날 목수가 되면서 다양한 나무에 대한 남다른 식견을 지니게 되었다. 빅토르는 셰프가 되기 위한 전문 교육을 받은 적은 없다. 하지만 그는 어떤 재료를 어느 나무에, 어떤 온도로 몇 분이나 구워야 하는지 경험을 통해 체득했다. 그래서 메뉴는 매일 신중하게 고른 계절 음식을 다양한 종류의 장작으로 구워내는 것, 그것이 전부다.

레스토랑 내부는 마치 헛간과 같다. 소박함이 감돈다. 단 열 개의 테이블이 있고, 매니저가 소믈리에 겸 캡틴까지 1인 3역을 한다. 손님이 앉으면 음식에 어울릴 만한 지역의 와인을 권한다. 그리고 열다섯 가지의 음식이 순서대로 나온다. 염소 버터, 물소 모차렐라 치즈, 석화, 닭새우, 백삼(흰 해삼), 완두콩, 농어 턱살, 꼴뚜기, 거북손, 새끼 양의 겨드랑이 살 그리고 몇몇 디저트⋯. 버터와 치즈는 인근 들판에서 자신이 키운 염소와 물소에서 짠 우유로 만든다. 바르셀로나 북부 해안에서 잡힌다는 닭새우를 뜯자 방금까지 뛰다가 멈춘 듯한 선홍색 심장이 선명히 보인다. 생선

(위부터) 산 세바스티안의 생선 가게, 거북손 구이, 백삼 구이, 굴 구이.

에서 최고 맛있다는 턱 밑 살, 새끼 양의 가장 보드라운 겨드랑이 부위까지 음식은 감동의 연속이다. 코스 요리라고 하나 절대 화려하지 않다. 모든 재료는 각기 다른 나무 장작과 다른 온도로 구워져 테이블로 전달된다. 거기에 품질 좋은 소금이 약간 뿌려 나올 뿐이다. 해물은 참나무, 육류는 인근 리오하(La Rioja) 지방에서 포도 수확 후에 남는 넝쿨로 굽는다. 가끔 재료의 풍미를 위해서 오렌지나무와 올리브나무를 쓰기도 한다. 디저트로 나오는 아이스크림 맛에도 훈연이 배어 있다. 여기엔 심오한 프랑스 요리의 소스도, 화려한 분자 음식의 연출도 없다. 불과 열, 연기만 있을 뿐이다. 그런데 그 맛의 깊이가 끝이 없다.

식사 후 주방 구경을 청하니 기꺼이 허락해 준다. 아래층에 있는 주방 입구에는 사과나무, 소나무, 참나무 장작과 마른 포도 넝쿨이 쌓여 있다. 잔잔한 바람을 타고 풍겨오는 그 상쾌한 나무 향이 정신마저 맑게 씻어 준다. 주방 내부에서는 장작 타는 냄새가 그윽하다. 장비라곤 높낮이를 조절할 수 있도록 직접 제작한 여섯 개의 그릴과 두 개의 오븐이 전부다. 셰프가 인자한 미소로 손님을 맞이한다. 편한 바지와 검은색 티셔츠 차림. 외모가 요리만큼 간결하다. 인사를 나누고 대화가 오가는 중에도 그는 그릴 위에 놓인 새우와 오븐 속의 양고기를 틈틈이 주시하곤 한다.

빅토르의 요리 철학은 '재료와 불, 그리고 내 주변의 자연'이다. 그는 '유럽에서 가장 겸손한 셰프'로 알려져 있다. 지난 사반 세기 동안 매일 아침 여덟 시부터 장작을 준비하고 이 주방에서 재료들을 손수 구워 왔다. 하루를 기꺼이 할애해 시골구석에 있는 레스토랑을 찾아온 손님에 대한 예의라고 한다. 잠시 머물렀지만, 그 온화함과 정감 어린 환대를 잊을 수 없다. 마치 깊은 산속 정자에서 큰 스님을 대면한 느낌이다.

수많은 수습생과 전 세계의 유명 셰프들이 가르침을 얻기 위해 그를 찾아온다. 하지만 대부분 배우지 못하고 떠난다. 수십 년의 세월과 수많은 시행착오 그리고 끈질긴 노력이 필요함에도, 그저 불 위에 올려 놓고 굽는 것만 같으니 만만하게 생각하는 탓이다. '불에 굽는다'라는 일차원적 조리 과정은 단순해 보인다. 하지만 가공되지 않은 순수함은 화려한 겉치레보다 훨씬 이루기 힘든 경지다. 여기에 이르기까지의 시간 역시 끝없는 인내와 극도의 섬세함을 요구한다. 그래서 그의 요리에서 느껴지는 가식 없는 풍미와 완벽함에는 영혼이 깃들어 있다.

빅토르 아르긴소니스 셰프.
손수 장작을 준비하고 직접 재료들을 구워 왔다. 차림새가 그의 요리법만큼 간결하다.

05

Sicily

일곱 생선 만찬

삼각형 모양의 시칠리아섬은 세 개의 다른 바다를 면하고 있다. 매일 새벽 포구에는 주변 바다에서 잡히는 참치, 갈치, 고등어, 아구, 상어, 정어리, 멸치, 오징어, 새우, 조개, 홍합 등이 넘쳐난다. 마치 해물의 만화경을 보는 듯하다. 항구에서 일하는 사람들은 보통 구운 생선과 성게알, 그리고 한때 일본과 한국에서 유행했던 고등어 파스타로 아침 식사를 한다. 화이트 와인을 곁들이는 건 물론이다. 시칠리아인들이 알려준 문장 하나가 떠오른다.

"물고기는 일생에 세 번 헤엄친다. 첫 번째는 바닷속에서, 두 번째는 프라이팬 위의 올리브유에서, 그리고 세 번째는 사람 입안의 화이트 와인에서."

20세기 초, 시칠리아와 나폴리 등 이탈리아에서 상대적으로 가난했던 남부지방 사람들은 먹고살기 위해 미국 이민을 택했다.

(위)　시칠리아의 어물전.
　　　세 개의 다른 바다를 면하고 있는 시칠리아의 포구는 '해물의 만화경' 같다.

(아래)　뉴욕의 이탈리아 레스토랑 '에스카(Esca)'의 일곱 생선 만찬 모습.

19세기 중반, 아일랜드에서 감자 대기근으로 많은 사람이 미국으로 이주했던 것과 비슷한 이유다. 영어를 몰랐던 이탈리아인들은 배에 승선하면서 모자에 '목적지 뉴욕(To NY)'을 의미하는 알파벳을 적었고, 후에 뉴욕의 많은 이탈리아계 이민자가 '토니(Tony)'라는 이름을 쓰게 되었다는 설이 있다. 이민 초기 허드렛일을 하며 생활하던 이탈리아인들, 특히 시칠리아 출신 이민자들은 고향의 생선을 그리워했다. 그래서 크리스마스가 되면 향수를 자극하는 다양한 생선요리를 만들곤 했다.

그러면서 '일곱 생선 만찬(Feast of the Seven Fishes)'의 전통이 시작되었다. 최초 기록은 1983년 필라델피아의 일간지에 나온다. 과거 로마가톨릭 시절, 명절에 도축을 금지해 그 대신 생선을 먹었던 전통과도 연관이 있다. '일곱'이 쓰인 것은 성경에 나오는 숫자이면서 한편으론 로마의 일곱 언덕도 상징하기 때문이다.

크리스마스이브 저녁 준비를 위해 이탈리아계 미국인들은 부지런히 어물전을 다닌다. 뉴욕을 비롯한 대도시의 이탈리아 레스토랑들도 일곱 생선 메뉴를 짜느라 분주하다. 물론 남부를 대놓고 무시하는 북부지방 사람이 운영하는 이탈리아 식당들은 예외다. 꽤 오래전 크리스마스이브에 뉴욕의 유명 이탈리안 레스토랑에 들려 일곱 생선 메뉴가 있냐고 물어보자 "우리는 북부 모데나(Modena) 출신이라서 그런 거 안 한다. 그건 남부 사람들이나 하는 거다."라는 답을 들은 적이 있다. 가정마다, 레스토랑마다 메뉴는 조금씩 다르지만 보통 대구, 문어, 굴, 조개, 새우, 오징어, 패주, 열빙어, 장어 등을 재료로 한 다양한 해산물 요리를 준비한다. 2018년에는 이를 소재로 한 영화도 만들어졌다.

'일곱 생선 만찬'이라는 표현은 이탈리아 본토에는 없다. 하지만 미국에 사는 남부 이탈리아계 이민자들에게는 중요한 전통이다. 내가 예전에 운영했던 델리(Deli)에 햄과 살라미 등을 공급하던 이탈리아인 형제에게 "크리스마스이브에 '일곱 생선 저녁'을 드세요?"라고 물어봤다. 이에 그들은 "실제로는 일곱 가지가 아니라 열 가지도 훨씬 넘게 먹어요."라며 웃었다.

몇 해 전 크리스마스이브, 시칠리아섬이 고향인 제자 케이트(Kate Delia)로부터 식사 초대를 받았다. 초대 시간은 오후 두 시였다. 저녁으로는 이른 애매한 시간이라 의외였다. 뉴욕 롱아일랜드의 바닷가에 면한 저택에 수십 명의 대가족이 모여 있었다. 케이트의 외할머니는 방금 오븐에서 구웠다고 '카르두나(Carduna, 양배추와 비슷하게 생긴 이탈리아 채소)'라는 음식을 먹어보라고 건네줬다. 저녁 전까지 서너 시간 동안 식전주와 에피타이저의 향연이 이어졌다. 이후 와인 몇 병과 함께 '일곱 생선 만찬'이 시작되었다. 저녁 식사는 자정 무렵에 끝났다. 시칠리아 속담하나가 떠오른다.

"음식은 끼니지만 생선은 기쁨이다."

(위)　　일곱 생선 만찬의 생선요리.

(중간)　조개 파스타 요리로 시칠리아 사람들이
　　　　'시(詩)'라고 부르는 음식이다.

(아래)　오징어 요리.

뉴욕의 청혼 레스토랑

봄이 찾아오면 예식 공간과 피로연장에는 예약이 밀려들고, 주변 지인으로부터 청첩장이 날아든다. 결혼식을 위한 식장, 피로연 준비는 물론 화환 장식과 사진사까지 준비할 것이 태산이다. 하지만 그 무엇보다 신랑 신부 간의 결혼 약속이 전제되어야 한다. 이는 보통 청혼이라는 형식을 거치는데, 사람들은 여러 이유로 그 이벤트 장소로 레스토랑으로 고른다.

"뉴욕에서 결혼하려면 우선 레스토랑을 예약해야 한다."라는 이야기가 있다. 왜냐하면 결혼식장, 사진 촬영, 웨딩드레스, 신혼여행, 부케, 주례가 결정되어도 레스토랑을 예약하지 못하면 프러포즈를 할 수 없고, 그 과정이 없다면 결혼을 할 수 없기 때문이다. 레스토랑들도 청혼 이벤트를 하려는 커플 고객을 위해 테이블에 꽃장식이나 샴페인 등을 놓고 신중하고 세심하게 서비스를 준비한다.

뉴요커들이 연인에게 약혼반지를 건네는 두 장소가 있다. 한

(위)　뉴욕 'OIBL, TIBS' 레스토랑.

(아래)　뉴욕의 '에르미니아'. 현재는 문을 닫은 상태다.

곳은 1969년에 문을 연 55년의 역사를 지닌 'OIBL, TIBS' 레스토랑이다. 상호는 'One if by Land, Two if by Sea'의 약자로 '적군이 육지에서 공격하면 불을 한 번, 바다에서 공격해 오면 두 번 깜박거려라'라는 뜻을 지닌 암호다. 이 레스토랑은 미국 독립전쟁 당시 조지 워싱턴이 맨해튼을 수비할 때 본부였던 건물에 있다. 그런 연유로 독립전쟁 당시에 쓰던 암호를 레스토랑 이름으로 사용하고 있다. 정원이 보이는 실내와 숨겨진 계단 뒤편의 환한 방은 네 개의 벽난로와 샹들리에, 촛불과 생화로 로맨틱하게 꾸며져 있다. 라이브로 연주되는 피아노 음악을 배경으로 거의 매일 저녁 한두 테이블에서 청혼이 이뤄진다.

다른 한 곳은 이탈리안 레스토랑인 '에르미니아(Erminia)'다. 이곳 역시 거의 매일 밤 청혼 장면을 볼 수 있는 식당이다. 오래전 이 레스토랑에서 식사 중 반지, 목걸이, 귀걸이 보석을 각기 다른 요리가 나올 때마다 순서대로 하나씩 건네며 청혼하는 옆 테이블의 예비 신랑을 목격한 적이 있다. 레스토랑의 실내는 로맨틱하지만 다소 어두운데 '식사 중 화장실을 갈 때는 조심해야 한다. 종종 길목에서 청혼하느라 무릎을 꿇고 있는 예비 신랑들에게 걸려 넘어지는 경우가 있다'라는 재미있는 주의 사항이 쓰여 있다.

촛불로 밝혀진 로맨틱한 분위기 속에서 인생의 동반자가 되어 달라고 약속하는 커플들의 모습은 행복해 보인다. 이 순간처럼 레스토랑을 특별하게 만들 때가 또 있을까. 그래서 청혼을 위한 테이블에는 각별하고 섬세한 서비스가 준비된다. 레스토랑 디자인의 완성은 손님의 행복한 모습이기 때문이다.

프랑스 파리의 '라 투르 다르장(La Tour d´Argent)' 레스토랑.

(위)　이탈리아 포지타노 '일 산 피에트로 포지타노(Il San Pietro di Positano)' 호텔 레스토랑.

(아래)　아르헨티나 멘도자의 '카바스 와인(Cavas Wine Lodge)' 레스토랑.

07

Vancouver

밴쿠버에서 시작된 캘리포니아 롤

텍사스 바비큐, 뉴욕 베이글, 나가사키 짬뽕, 나폴리 피자. 이처럼 음식 앞에 지역명이 붙는 경우가 있다. 보통은 처음 탄생했던 장소나 그 지역에서 많이 먹어 알려지면서 대표 음식이 된 예들이다. 그러나 '캘리포니아 롤(California Roll)'은 이야기가 조금 다르다. 미국의 캘리포니아주가 아닌 캐나다에서 시작되었다. 밴쿠버로 이민 간 오사카 출신의 셰프 히데카즈 도조(Hidekazu Tojo)가 만든 메뉴다.

타민족의 음식과 문화에 대한 이해가 부족하던 시절, 그는 '날 생선을 먹는 야만인'이라는 일본인을 향한 맹목적인 비난과 싸우며 스시 카운터를 항상 깨끗하게 관리하고 꾸준하게 믿음을 쌓아 갔다. 자기 식당에서 김밥도 팔았다고 한다. 그런데 그는 현지인들이 김 냄새를 참지 못하고 밥에서 김을 벗겨 내는 장면을 자주 보게 되었다. '손님이 좋아하지 않는다'라는 건 명료한 메시지였다. 고민 끝에 그는 김을 안으로 넣고 밥알을 겉으로 싸서 김 냄새를 없앴다. 거기에 게를 좋아하는 캐나다인의 취향에 맞춰 게살, 오이, 아보카도를 소로 넣은 누드 김밥을 고안했다.

1974년 탄생한 이 메뉴는 당시 밴쿠버를 자주 오가던 미국 로스앤젤레스의 비즈니스맨들에게 인기를 얻으며 알려지기 시작했다. 그리고 얼마 후 로스앤젤레스와 캘리포니아 일대의 일식당에 이 메뉴가 등장했다. 그리하여 '캘리포니아 롤'이라는 이름이 붙었다. 캘리포니아 롤은 알래스카 롤(연어), 필라델피아 롤(크림치즈), 드래곤 롤(장어, 아보카도), 맨해튼 롤(온갖 재료) 등으로 다양하게 변형되어 오늘날까지 퓨전 일식의 아이콘이 되었다. 손님을 배려하는 마음에서 시작된 레시피가 미 대륙에 일식을 유행시킨 기폭제가 된 것이다. 도조와 같은 셰프들의 노력이 오늘날 일식의 위상을 만들었다고 해도 과언이 아니다.

'캘리포니아 롤'은 세계적으로 가장 성공적인 메뉴 개발 사례 중 하나다. 미국인들이 먹는 다른 나라 음식 중 피자와 함께 보편적 인기를 누리는 음식이자, 생선 초밥과 김밥의 차이를 모르는 외국인들에게까지도 널리 알려진 '스시(Sushi)'의 한 종류이고 대명사다. 역수입되다 보니 마땅한 이름이 없어 한국에서는 '누드 김밥', 일본에서는 '우라마키(裏巻き)' 정도로 불릴 뿐이다.

몇 해 전 학회 참석차 밴쿠버를 찾았을 때, 그의 레스토랑인 '도조(Tojo)'를 가게 되었다. 노포 분위기가 물씬 풍기는 매우 소박한 곳이었다. 우아한 인테리어나 청담동 일식집에서 흔히 보이는 히노끼(편백나무) 스시 바도 없다. 생선은 무척 싱싱해 보였지만 제각각으로 진열되어 있었다. 멋보다는 본질에 충실한 느낌이었다. 다른 대부분의 셰프들이 유행을 좇아 모방할 때 그는 '창조'를 했다. 76세인 도조는 현재도 매일 식당에서 자신의 자리를 지키며 손님을 맞이한다. 캘리포니아 롤은 그의 식당 메뉴에는 '도조 롤(Tojo Roll)'이라고 쓰여 있다. 맛살이 아닌 진짜 게살을 넣은 도조의 롤은 밴쿠버의 청명한 날씨만큼이나 인기가 높다.

여전히 스시 바를 지키고 있는 히데카즈 도조 셰프.

캘리포니아 롤과 생선구이 연출.
매일 수산시장에서 직접 장을 보며 싱싱한 재료로 음식을
만드는 '도조' 셰프의 음식은 멋보다 본질에 충실하다.

레스토랑 내부의 미디어 월.

08

Casablanca

카사블랑카의 추억

카사블랑카(Casablanca)는 세계적으로 널리 알려진 도시다. 하지만 많은 사람에게 동명의 영화 제목으로 더 친숙하다. 영화가 2차 세계대전의 격변기에 제작되고 1942년에 상영되었던 고전인 만큼 현재 중장년의 팬들도 개봉관보다 텔레비전을 통해 시청한 경우가 훨씬 많았다. 특히 영화의 마지막 장면인 안개에 싸인 공항에서 눈물을 글썽이던 잉그리드 버그만의 모습은 관객들의 심금을 울리며 두고두고 이야기 되고 있다.

> "우리에게는 파리가 있소. 우리들만의 파리가(We'll always have Paris)."

이런 주옥같은 대사들을 남겼던 명화이기도 하다. 특히 "당신의 눈동자에 건배(Here's looking at you kid)."와 같은 거의 창작에 가까운 한글 번역은 오늘날 젊은 세대들에게 패러디가 되고 있다.

이 극본은 원래 브로드웨이 연극을 염두에 두고 집필되었으나 마땅한 제작자를 찾지 못하던 차에 워너브라더스가 판권을 사서 영화로 제작하기에 이르렀다. 후일담에 따르면 작가는 카사블랑카는 물론 모로코에 가본 적도 없다. 오로지 상상으로 글을 썼는

'릭스카페' 외관.

데 이유는 '실제로 방문하면 그 환상이 깨질까 봐'였다고 한다. 당연히 영화 속 중심 배경이 되었던 '릭스 카페(Rick's Cafe)' 역시 실존하지 않는 장소였다. 영화의 대성공 이후 싱어송라이터인 버티 히긴스(Bertie Higgins)는 1982년 동명의 노래를 만들어 소개했고, 우리나라 가수 최헌이 번안곡으로도 불렀다. 이 노래에서 언급하는 카사블랑카 역시 도시가 아닌 영화다.

모로코에 있는 미국 대사관의 무역 담당 직원으로 일했던 캐시 크리거(Kathy Kriger)라는 여성이 있었다. 모로코의 매력에 반해 모로코에 머물던 그녀는 2001년 9.11 테러가 터진 직후부터 무슬림을 향한 증오가 늘어나는 걸 목격했다. 그리곤 자신이 할 수 있는 일이 무엇인지를 생각했다. 그 사고의 중심에는 톨레랑스(Tolerance)가 있었다. 그녀는 영화 속 릭스 카페가 실존한 적이 없다는 것을 알게 되었고, 그 장소를 만들기로 결심했다. 지인들에게 이 계획을 편지로 알리자마자 기부가 이어졌다.

캐시는 카사블랑카 구도심에 있던 주택을 사서 리모델링을 시작했다. 인테리어 디자인의 영감은 물론 영화에서 따 왔다. 중정을 둘러싼 회랑의 아치, 영화 속에서 험프리 보가트가 진(Gin)을 마시는 바, 난간 장식이 돋보이는 발코니 등 영화 세트를 고스란히 재현했다. 드디어 2004년 3월 1일, 영화가 제작된 지 62년 만에 진짜 '릭스 카페'가 탄생했다. 순식간에 이 카페는 카사블랑카 시민과 관광객 모두가 사랑하는 명소가 되었다. 동네 사람들은 영화 속에서 험프리 보가트가 연기했던 카페 주인 역할인 '릭'의 이름을 따서 그녀를 '마담 릭(Madame Rick)'이라고 불렀다. 2018년 72세의 나이로 그녀가 사망했을 때 '뉴욕타임스'는 그녀의 스토리를 특별 칼럼으로 다루었다.

이처럼 어떤 장소가 영화 속에 등장하면서 지역의 명물이 되고, 끊임없이 방문객을 초청하는 경우가 적지 않다. 보통은 평범했던 배경이 영화의 스토리를 입게 되면서 새로운 공간으로 다시 탄생되고, 또 그곳을 찾아가는 방문객들에 의해서 명소가 된다. 하지만 릭스 카페처럼 실제로 존재하지 않는, 영화를 위해서 만든 세트가 개봉 후에 실제 공간으로 만들어진 것은 매우 드물고 흥미로운 예다.

릭스 카페를 찾은 저녁, 현대판 샘(Sam)이 영화 속의 주제곡 '애즈 타임 고즈 바이(As Time Goes By)'를 라이브로 연주하고 있었다. 그야말로 영화 속 잉그리드 버그만이 카페에 나타날 것 같은 분위기였다. 어느 순간 나도 모르게 영화 속의 장면으로 스며들었다. 대부분 영화 속 추억을 가지고 카페를 찾은 고객들을 영화 속 그 시절, 그 공간으로 데려다주고 있었다.

'릭스 카페' 내부. 중정을 둘러싼 회랑의 아치와 발코니 한편에서
당장이라도 잉그리드 버그만이 나타날 것만 같다.

'릭스 카페'의 재즈바에서는 언제나 감미로운 음악이 흘러나온다.
영화 '카사블랑카'의 샘이 실제로 연주한다면 이런 모습이 아닐까.

'릭스카페' 2층의 영화 포스터 전시.

09

New York

스테이크 하우스의 백스테이지

1864년 시카고에 유니언 스톡 야드(Union Stock Yard)가 개장하면서 바야흐로 미국 스테이크 지도가 만들어지기 시작했다. 콜로라도나 텍사스, 네스브래스카주에서 길러진 소들은 기차로 캔자스시티나 시카고까지 옮겨져 도축되었다. 뉴욕이 스테이크의 최대 소비시장이기는 했지만, 너무 멀었기 때문이다. 지금도 시카고에 스테이크 하우스들이 성업하는 이유다. 하지만 최고의 레스토랑들은 당연히 자본이 몰리는 뉴욕에 생겨났다. 한국과 비교하면 텍사스는 한우가 유명한 횡성이나 함평, 캔자스시티나 시카고는 마장동, 그리고 뉴욕은 강남의 고깃집이라고 생각하면 이해가 빠를 듯하다.

뉴욕에서 한식 비스트로 '곳간(Goggan)'을 운영할 때, 좋은 품질의 소고기를 찾던 중 '마스터 퍼베이어스(Master Purveyors)'라는 공급업체를 알게 되었다. 세계에서 가장 큰 규모의 축산시장 중 하나인 뉴욕 브롱크스 시장(Hunts Point Market)에서

'마스터 퍼베이어스'의 발골 작업.
직원들은 신중하게, 하지만 얼굴에 미소를 잃지 않고 일을 한다.
생고기의 냄새도 '냄새가 아니라 향기'라고 한다.

도 터줏대감으로 불리는 곳이다. 언제나 최상 품질의 소고기를 도매하므로 뉴욕의 유명 스테이크 집 대부분은 이곳의 고기를 쓰고 있었다. 고기의 유통과정과 품질을 확인하기 위해 방문하겠다고 연락했더니 흔쾌히 허락해 주었다. 매주 목요일 새벽 3시 네브래스카주에서 출발하여 시카고에서 하루를 지낸 소가 들어오니 그 시간에 맞춰 오라고 했다.

칠흑 같은 어둠이 내려앉은 새벽녘, 시장 입구를 통과해 들어가니 커다란 노란 간판이 달린 건물이 나왔다. 정문에서 주인이 나를 기다리고 있었다. 반갑게 인사하는 순간 뒤편에서 대형 냉장 트럭 한 대가 진입했다. 직원이 트럭 문을 여니 차가운 공기 속에 절반으로 갈려진 소들이 매달려 있는 게 보였다. 고기가 내려지고 창고로 옮겨졌다. 고기는 트럭에서도 발골 작업장에서도 늘

고리에 걸려 있다. 바닥에 눕히면 근육이 망가지기 때문이다. 한 번 들어오는 소의 양은 2만 킬로그램, 값을 한화로 치면 1억 원어 치다. 발골은 고도의 집중이 요구되는, 육체적으로 아주 고된 일이다. 그래도 직원들은 얼굴에 미소를 잃지 않으며 일을 한다. 발골 작업장 가득한 생고기 냄새도 '향기'라고 표현한다. 발골이 끝난 고기들은 부위별로 절단되어 숙성실로 옮겨진다. 일정 온도로 유지되는 대형 냉장창고 상부에서는 선풍기가 돌아간다. 요즘 유행하는 드라이에이징을 위한 설비다.

뉴욕의 스테이크 하우스 '킨즈(Keen's)'.
1885년 설립된 노포로 루즈벨트, 아인스타인, J.P.모건 등이
피우던 파이프담배 컬렉션이 천장을 장식하고 있다.

방문하던 날 마침 재미있는 광경을 보게 되었다. 트럭이 도착하자마자 1887년 오픈한 뉴욕 최고의 스테이크 집 '피터 루거(Peter Luger)'의 주인이 고기 창고로 들어온 것이다. 그녀는 들어오자마자 화장지로 코를 틀어막았다. 전 건물이 냉장 상태로, 한여름에도 이곳은 추위 탓에 콧물이 연신 흘러내리기 때문이다. 그리고 나선 제일 먼저 가장 좋은 고기를 선별했다. 오랜 단골로서의 특권이다. 이내 할머니로부터 물려받은 금 도장에 붉은 포도주를 묻혀 소의 주요 부분에 낙인을 찍었다. 바꿔치기를 원천 차단하는 작업이다. 지난 50년간 한 주도 거르지 않고 해오던 일이라고 한다. 다른 집들과 달리 '피터 루거'는 발골 때 콩팥을 제거하지 말고 안심에 붙은 그대로 두라고 주문한다. 콩팥을 갈아서 스테이크 소스의 원료로 사용하기 때문이다.

발골 과정과 시설을 모두 둘러본 후 창업자 샘 솔라즈(Sam Solasz)는 사무실로 나를 초대했다. 커피를 타주면서 오랜 시간 자신의 이야기를 들려주었다. 폴란드에서 단돈 10달러를 들고 뉴욕으로 이민 와서, 핫도그 공장에서 일하며 저축한 돈으로 1957년 고기 도매를 시작했다고 한다. 60여 년간 발골 작업을 한 그의 손가락은 상처투성이고, 손가락을 펴고 구부리기도 어려워 보였다. 샘은 외식업계에서는 꽤 알려진 스타라서 1970년대 형사물 '코작(Kojak)'이나 2000년대 '섹스 앤드 더 시티' 등의 드라마에

단역으로 출연하기도 했다.

샘은 상거래 윤리와 도덕을 중요시하는 걸로 유명했다. 만일 어느 레스토랑에서 오래 일한 직원이 주인의 배려로 독립하는 경우 똑같은 품질의 고기를 공급해 준다. 대표적인 예로 '피터 루거'에서 수십 년 일하던 직원이 주인의 허락을 받고 독립해서 '볼프강(Wolfgang's)'이란 이름의 스테이크 하우스를 차렸을 때 고기를 공급해 줬다. 하지만 주인 몰래 빼돌린 노하우로 따로 가게를 차리면 고기를 절대 대주지 않는다. 그런 얌체 직원은 독립해봐야 여기서 좋은 소고기를 받지 못하므로 결국 실패한다. 오랜 시간 이야기를 나눈 후 그가 웃으며 나에게 말했다.

"자네에겐 내 고기를 줘도 좋겠다는 느낌이 드네."

샘은 5년 전인 2019년 세상과 작별했다. 생전 90세까지 두 아들과 함께 매일 새벽, 자신의 롱아일랜드 집에서 축산시장으로 헬리콥터로 출근하며 현장에서 사업을 진두지휘했다.

10

New York

생텍쥐페리의 뉴욕

내게는 친하게 지내는 마태오(Matteo)라는 셰프가 있다. 부인이
나와 같은 학교에서 강의하면서 알게 된 친구다. 마태오는 이탈
리아 북부 베네토(Veneto) 지방 출신으로 그의 아버지는 평생 푸
줏간을 운영하며 발골과 정육 일을 해왔다. 그래서 지금도 부모
님 댁에는 돼지를 잡던 나무 테이블이 그대로 보관되어 있다. 마
태오는 지금은 뉴욕 업타운의 한 이탈리안 레스토랑에서 근무하
지만, 그전에는 26가에 있는 'SD26'이라는 레스토랑의 총괄 셰
프였다. 'SD'는 과거 59가에 있던 '산 도메니코(San Domenico)'
레스토랑의 주인 토니 메이(Tony May)가 가게 위치를 옮기면서
이름은 바꾸고 이전 상호의 약자를 따 만들었다. 과거 산 도메니
코가 있던 자리에는 현재 '마레아(Marea)'라는 이탈리안 레스토
랑이 영업 중인데, 아주 오래전에는 '아놀드 카페(Arnold Cafe)'
였다. 그 카페가 바로 뉴욕에 몇 년간 머물렀던 생텍쥐페리가 일
행을 기다리는 동안 냅킨에 '어린왕자(Le Petit Prince)'를 스케

'마레아' 레스토랑. 과거에 '아놀드 카페'가 있던 곳이다.
생텍쥐페리가 어린왕자를 스케치한 곳이다.

치한 곳이다. 그리고 그 한 장의 그림으로부터 위대한 소설이 탄
생하였다.

『어린왕자』. 3백여 언어로 번역되고 1억 5천만 부 이상이 팔린
세계적인 베스트셀러, 설명이 필요 없는 명작이자 영원한 고전 중
하나다. 어린이들에게 다가가기 좋은 소재여서 인형극으로도 많
이 각색되고 영화, 뮤지컬, 애니메이션, 발레, 오디오북 등으로 끊
임없이 재탄생되었다. 하지만 심오한 의미의 명대사가 많기로 유
명한, 어른들을 위한 소설이기도 하다. 이 소설에 대한 우리나라
사람들의 애착 또한 유별나다.『어린왕자』가 가장 다양한 버전으
로 번역된 나라가 바로 한국이다. 제주 방언 번역본도 있을 정도

다. 세계 곳곳에 크고 작은 테마파크는 물론 전시도 매해 열려 관람객을 맞는다. 파리 생제르맹(Saint-Germain-des-Prés)에 있는 어린왕자 상점에는 한국인 관광객의 방문이 끊이지 않는다.

생텍쥐페리는 프랑스인이 특히 사랑하여 유로화 전에 사용되던 프랑스의 프랑 지폐에도 등장할 정도였다. '자신의 글을 위해 하늘을 여행한 작가'라고 불렸던 것처럼 우주의 이름 모를 행성부터 사막까지 그가 탐험한 곳은 실로 광대했다. 소설 속에 등장하는 많은 공간은 실제로 자신이 방문했던 장소와 연관 깊다. 어린 시절 살던 프랑스 남부 마을의 우물, 아르헨티나 파타고니아 지방의 화산과 마다가스카르에 서식하는 바오바브나무의 경관 등이 그 예다. 아프리카 사하라사막 여행 중에는 어린아이들이

'라 그르누이' 레스토랑. 과거 '파리지엔의 인생'이라는 식당이었던 곳으로 생텍쥐페리는 이 건물의 위층, 친구였던 프랑스 화가의 스튜디오에서 집필하면서 종종 이곳에 내려와 저녁을 먹었다.

사막에 사는 작은 여우를 잡아 애완용으로 데리고 노는 모습을 보고 소설 속 여우를 구상하기도 했다.

생텍쥐페리는 제2차 세계대전을 피해 1941년부터 1943년까지 뉴욕에 머물렀다. 그리고 1943년 프랑스어와 영어로『어린왕자』를 완성했다. 본문 중에 정작 집필을 했던 장소인 뉴욕이 등장하지 않는 것은 아이러니다. 대신에 그를 기억하고 싶은 사람들을 위한 장소가 몇 군데 남아 있다. 앞서 언급한 뉴욕의 '아놀드 카페'가 대표적이다. 생텍쥐페리는 또한 '파리지엔의 인생'이라는 식당 건물 위층, 친구였던 프랑스 화가의 스튜디오에서 집필하면서 종종 아래로 내려와 저녁을 먹었다. 1962년 '라 그르누이 (La Grenouille)'로 상호가 바뀐 이 식당은 지금도 창문에 그의 흔적을 자랑스럽게 전시하고 있다. 과거 J.P. 모건 창립자의 저택이었던 '모건 라이브러리'에는『어린왕자』의 오리지널 스케치 몇 점이 보관되어 있다.

생텍쥐페리는 글을 쓸 때 늘 커피나 콜라, 담배와 함께했다. 젊은 시절 조종사로 제1차 세계대전에 참전한 후 우울증과 폭음 증세 등에 시달렸던 그에게 치료약과 같은 기호품들이었다. 전쟁 중 그는 뉴욕에서 타향살이를 했지만, 마음으로 온 세상과 우주를 여행하고 있었다. 생텍쥐페리는 파리가 해방되기 몇 주 전인 1944년 7월 31일, 비행기 사고로 사망했다.

'라 그르누이' 레스토랑.
창문에 생텍쥐페리의 흔적을 자랑스럽게 전시하고 있다.

11

Mendoza

아르헨티나의 풍미 아사도

나는 아르헨티나의 멘도자(Mendoza)를 매년 찾는다. 그곳에 작은 포도밭이 있어 수확 철에 들려 포도 맛을 보고 와인 메이커와 그해 만들 와인 종류와 배합 비율, 숙성방법 등을 논의한다. 포도밭에서의 일과를 마치면 느지막한 저녁부터 '아사도(Asado)'를 시작한다. 물론 말베크(Malbec) 와인을 곁들이면서다.

가우초(Gaucho, 목동)들이 불 옆에 고기를 세워두고 구워 먹던 습관에서 유래한 아사도는 남미 대륙 전체에서 볼 수 있다. 하지만 원조는 아르헨티나다. 사람보다 소가 많다는 아르헨티나는 소고기로 특히 유명한 나라다. 또한 소를 신성하게 취급하고 무척 조심스레 다룬다. 소싸움 풍습도 없으며 소의 뿔로 된 장식품도 만들지 않는다. 광활한 목초지에서 풀을 먹고 자란 아르헨티나 소는 고기의 씹는 맛과 풍미가 아주 좋다. 곡물 사료가 만들어내는 마블링에 전혀 관심이 없지만, 육질은 질기지 않고 부드럽다. 아르헨티나에서 소고기를 먹는 방법은 물론 아사도다. 냉장

"신은 물밖에 못 만들었지만,
인간은 와인을 만들었다."
- 빅토르 위고

아르헨티나 멘도자 '플라뇌르 에스테이트(Flâneur Estate)' 포도밭.

시설이 발달하기 전부터 내려오던 전통이다. 고기를 굽거나 훈제하는 방법은 보관에도 유리했다. 오늘날에는 '파리야(Parilla)'라고 부르는 무쇠 그릴을 주로 쓴다.

포도밭의 일을 도와주는 에두아르도(Eduardo Pose)는 아사도 전문가다. 아사도 때 불을 다루고 고기를 굽는 사람을 '아사도르(Asador)'라고 부른다. 보통은 남자지만 간혹 여자도 있다. 아사도르는 아사도를 시작하기 전 몇 군데 정육점에 미리 들러서 다양한 부위를 산다. 모두 신선육이다. 아르헨티나에서는 냉동고기를 잘 팔지도 않으며 누구도 선뜻 사지 않는다. 아사도는 장작용 나무를 태워서 숯을 만드는 작업과 함께 시작한다. 그 숯 위에 고기를 얹으면 마법이 펼쳐진다.

소고기의 나라답게 아사도르가 양지, 토시, 갈비, 곱창 등을 골고루 펼친다. 그리고 오랜 시간 천천히 익힌다. 강한 불에 빠르게 굽는 우리의 직화구이와는 다른 방식이다. 아사도르는 이 모든 과정을 혼자 한다. 다른 사람들은 참견하거나 거들지 않는 것이 예의다. 소금 외의 것은 필요 없다. 좋은 고기에 향신료를 바르는 것은 죄악이다.

"누구나 불 위에 고기를 얹을 수는 있지만, 소수의 장인만이 맛있는 아사도를 완성할 수 있다."

아르헨티나 사람들은 아사도에 진심이다. 아사도를 배우기 위한 대학 교육과정도 있고, 핵심 12과목을 이수하면 공식 마스터로 인정해 준다. "유럽에는 와인과 치즈가 있다. 하지만 남미에는 아사도가 있다."라는 말처럼 아르헨티나 대부분의 가정에는 파리야가 있고, 일주일에 몇 번씩 아사도를 한다. 가족 모임과 친구 모임, 특별한 행사 때도 메뉴를 고민할 필요가 없다. 언제나 아사도이기 때문이다. 에두아르도는 "가족이나 친척, 지인의 결혼 그리고 이혼 때도 음식은 아사도다."라며 웃는다.

"연기가 나는 곳에 풍미가 있다."
"불 옆에서는 누구나 친구가 된다. 전자레인지 근처에 어울려 친구가 되는 사람은 없다."

아르헨티나 속담이 뜻하듯 아사도는 일종의 사회적 행위다. 남미 사람들이 자신의 전통을, 문화를, 그리고 사람을 찬양하는 의식이다. 이 모임은 종교와도 같다. 아사도를 다시 표현하자면 '가장 인접한 곳에 있는 자연을 느끼면서 좋아하는 사람들과 어울리는 행위, 그리고 음식과 술'이라고 할 수 있을 듯하다. 사실 그 이상의 무엇이 필요한지 모르겠다.

아사도는 장작용 나무를 태워서 숯을 만드는 작업과 함께 시작한다.

아사도에서 구운 갈비구이.

12

New York

맨해튼의 최고령 미슐랭 셰프

일본의 경제 호황기였던 1970년대, 많은 일본의 종합상사가 뉴욕에 진출했다. 그리고 주재원들의 비즈니스 미팅을 위한 장소로 여러 일식당이 문을 열었다. 대부분의 상사와 일식당들이 맨해튼 미드타운 지역에 모여들었고 "섬나라 일본이 뉴욕에 작은 섬을 만들었다."라는 표현이 생길 정도였다. 요즘에는 오마카세 스시 집들과 돈가스, 라면, 우동 등을 취급하는 현대화된 전문 일식 집들도 성업 중이다. 자연스레 뉴요커들에게 일식은 매우 친숙한 음식이 되었다.

하지만 초창기 일식당을 찾았던 뉴요커들은 날생선 먹는 일본인을 야만인으로 취급했다. 이들의 선입견을 바꾼 건 셰프들이었다. 하얀 유니폼과 넥타이를 착용하는 등 단정한 차림새로 손님을 맞는 일식 셰프들은 모두가 볼 수 있는 열린 바에서 식재료를 깨끗하게 관리하며 미국인들의 인식을 바꾸었다. 오늘날 스시가 미국에서 고급 음식으로 자리매김하게 된 과정이다.

현재 뉴욕에서 가장 오래된 일식당은 1963년 문을 연 '닛폰 (Nippon)'이다. 뉴요커들에게 처음으로 스시를 소개함은 물론, 미국에서 최초로 복요리를 허가받아 선보인 곳이다. 또한 닛폰은 캐나다의 메밀 농장을 직접 경영하면서, 그곳에서 생산된 밀로 수제 메밀국수를 만들었다. 캐럴라인 케네디, 마이클 잭슨, 노바크 조코비치를 비롯한 많은 명사가 이 식당의 단골이다.

　　우리나라나 일본과 다르게 뉴욕의 레스토랑은 95퍼센트 이상의 점포가 건물 1층에 자리 잡고 있다. 레스토랑에 들어가기 위해

계단을 오르락내리락하는 게 익숙하지 않은 뉴요커들을 위한 배치다. 2층이나 지하에 있는 나머지 5퍼센트의 레스토랑 대부분은 일식당이다. 오래전부터 좁은 면적에서 공간을 수직으로 사용하는 데 익숙한 그들의 습관이 미국에도 진출한 듯하다. 물론 임대료는 1층의 절반도 하지 않는다.

1977년 개업한 노포 '구루마스시(Kurumazushi)'도 허름한 건물의 2층에 있다. 요즈음 뉴욕의 고급 스시집으로 알려진 '마사(Masa)'나 '노즈(Noz)'를 찾는 젊은 고객들이 태어나기 훨씬

'니폰' 레스토랑. 현재 뉴욕에서 가장 오래된 일식당이다.
1963년 문을 열어 뉴요커들에게 처음으로 스시를 소개했다.
미국 최초로 복요리를 허가받아 복 코스요리도 선보였다.

전부터 영업을 시작한 곳이다. 수십 년 전부터 일본 사업자와 월스트리트 투자자들의 숨은 성지였으며, '뉴욕타임스'의 음식 평론가였던 루스 라이클(Ruth Reichl)이 저서 『마늘과 사파이어(Garlic and Saphire)』에서 극찬했던 식당이다. 이곳의 오너 셰프인 토시히로 우에즈(Toshihiro Uezu)는 1971년 미국으로 이민 와 반세기 넘게 스시를 만들고 있다.

그의 레스토랑 입구에 들어서면 "이랏샤이마세(いらっしゃいませ)!"라는 큰 목소리와 함께 직원들의 환대가 이어진다. 곧이어 기모노를 곱게 차려입은 셰프의 부인이 손님을 안내한다. 스시 바와 더불어 다다미방을 갖춘 맨해튼의 몇 안 되는 일식당 중 하나다. 무척 허름한 7080 감수성의 인테리어를 그대로 간직하고 있어 마치 도쿄의 숨은 노포에 들어온 것 같다. 생선의 질과 스시 맛은 뉴욕 최고다. 우에즈 셰프의 손이 미끄러지며 스시 한 점을 손님 앞에 놓는 순간, 밥을 누르고 있는 생선이 살짝 가라앉는다. 공기 초밥의 특징이다. 깨무는 순간 밥알 하나하나가 입안을 떠돌게 하는 식감을 위해 밥알 사이에 공기를 집어넣기 때문에 생선의 무게로 인해 밥이 가라앉는 것이다. 이 레스토랑에서는 전혀 멋을 내지 않고 투박한 전통 스시의 정수를 맛볼 수 있다.

오랜 세월, 그것도 이국땅에서, 한결같이 주방을 지키는 일본인 셰프들의 노력 덕에 오늘날 뉴욕의 미슐랭 레스토랑 중 3분의 1을 일식당이 차지하게 되었다고 해도 과언이 아니다. 1946년생인 우에즈 셰프는 올해 78세, 뉴욕의 최고령 미슐랭 스타 셰프다. 80세까지만 스시를 만든다고 했으니 그의 손맛을 볼 수 있는 시간이 얼마 남지 않았다.

'구루마스시'의 오너 셰프 토시히로 우에즈.
반세기 넘게 스시를 만들고 있는 뉴욕의 최고령의 미슐랭 스타 셰프다.

'구루마스시'의 초밥. 셰프의 손이 미끄러지며 스시 한 점을 앞에 놓는 순간 밥을 누르고 있는 생선이 살짝 가라앉는다. 공기 초밥의 특징이다.

1976년 문을 연 뉴욕의 일식 노포인 '하츠하나(Hatsuhana)'의 대표 메뉴 '꿈의 박스(Box of Dreams)'.

13

Amsterdam

암스테르담의 다락방에서 맛보는 팬케이크

영화 '키드(The Kid)'를 보면 찰리 채플린이 팬케이크 위에 큼직한 사각 버터 한 조각을 얹어 쌈을 싸서 먹는다. '레인맨(Rain Man)'이나 '펄프 픽션(Pulp Fiction)' 등의 영화에서도 팬케이크를 먹는 장면은 종종 등장한다. 고대 그리스, 로마 시대부터 있었고 중세에는 수도사들도 많이 만들어 먹었다고 전해지는 음식이다. 네덜란드 상인들에 의해 전 세계에 소개되면서 지금은 세계인이 즐겨 먹는다. 다양한 토핑을 얹어서 먹기도 하고 장미 물이나 셰리 와인을 첨가해서 고급스럽게 만들기도 하지만, 일반적으로는 밀가루, 계란, 버터, 우유를 재료로 하는 간편식이다.

팬케이크는 상대적으로 영국, 독일, 스웨덴, 캐나다 등 북부 나라들에서 더 많이 먹는다. 추위를 견디는 데에 도움이 되는 탄수화물과 지방 함유가 높은 음식이기 때문이다. 나라마다 조금씩 다른 모양과 크기를 지닌 것도 재미있다. 한편 '팬케이크처럼 평평하다'라는 표현은 폴란드나 미국 캔자스시티와 같이 평평한 지역을 일컬을 때 쓰이기도 한다.

네덜란드의 팬케이크는 피자처럼 큰 원형 모양으로 '패닌코이큰(Pannenkoeken)'이라고 불린다. 팬케이크의 원조인 이 나라에서는 우리 상식과 다르게 팬케이크를 아침이나 브런치로 먹지 않는다. 관광객을 위해 아침에 여는 가게가 있기는 하지만, 보통 점심이나 저녁으로 먹는 경우가 많다.

유명한 팬케이크 집이 많은 암스테르담에서도 아주 독특한 장소가 있다. 홍등가인 '드 발렌(De Wallen)' 인근에 있는 '업스테어즈 팬케이크 집(Upstairs Pannenkoekenhuis)'이다. 당연히 이 가게도 오후에만 영업한다. 18세기 무렵, 인근 병원의 수련의 기숙사로 쓰던 건물이 음식점으로 바뀐 것이다. 좁은 택지에 지어져 올라가는 계단은 사다리처럼 가파르다. 매릴린 먼로 주연의 영화 '7년 만의 외출'에 등장하는 '천국으로 향하는 계단'이 생각난다. 요즘 건축법이나 소방법 기준으로는 허가조차 어림없는 구조다.

몇 해 전 암스테르담에 갔을 때 이곳을 찾았다. 계단을 모두 오른 후 3층에 있는 레스토랑의 문을 열면 단 4개의 테이블이 있는, 마치 아늑한 다락방과 같은 공간이 등장한다. 창을 통해 투영되는 따스한 햇볕에 천장에 매달린 찻잔들이 반짝인다. 이곳의 주인인 아르노(Arno)와 알리(Ali)는 성소수자 커플이다. 두 사람

(위)　　내부는 마치 아늑한 다락방과 같은 공간이다.

(아래)　건물이 좁은 면적의 땅 위에 지어져 올라가는 계단은 사다리처럼 가파르다.

'패닌코이큰'.
네덜란드의 팬케이크로 우리가 먹는
팬케이크와 달리 크기가 피자만 하다.

이 고객 안내부터 셰프, 웨이터까지 모두 겸한다. 두 주인장은 손님 하나하나를 살피며 세심히 배려한다. 이 레스토랑은 그 독특한 공간 구조와 친절한 서비스로 뉴욕타임스, CNN, 후지TV 등에도 소개되었다. 도심 한가운데 숨어 있는 로맨틱한 공간에서 차와 팬케이크를 즐기는 시간은 오후의 기분을 한결 좋게 한다. 공간의 분위기가 마음에 미치는 영향이 이렇게 크다.

사순절(四旬節)이 시작되는 '재의 수요일'의 전날은 '참회 화요일(Shrove Tuesday)'이다. 동시에 '팬케이크의 날'이다. 금욕과 절식을 시작하기 전에 열량을 충분히 보충하고, 또 냉장고의 오래된 재료도 소진한다는 의미다. 원래 종교 기념일이지만 축제가 되면서 매년 팬케이크를 테마로 한 행사들이 열린다. 눈이 펑펑 오는 한겨울이면 우리나라에서 국물음식을 생각하듯 서양에서는 팬케이크를 떠올린다. 몸과 마음을 따듯하게 녹여주는 폭신폭신한 팬케이크는 아주 걸맞는 선택이다.

암스테르담의 '업스테어즈 팬케이크 집'.

14

New York

뉴욕에서 만난 에도 시대의 맛

뉴욕에서 가장 비싼 레스토랑은 '마사(MASA)'다. '마사'는 적어도 가격 면에서는 다른 레스토랑의 추월을 허락하지 않을 정도로 비싸다. 이 레스토랑에는 몇 가지 원칙이 있다. 우선 음악이 없다. 음식에 집중해야 한다는 이유로 휴대폰 사용과 사진 촬영도 허용되지 않는다. 이 정도까지는 일반적인 고급 레스토랑들과 딱히 다르지 않다. 그보다 재미있는 점들은 다음과 같다.

1. 내가 열고 싶을 때 열고, 닫고 싶을 때 닫는다.
2. 음식은 주는 대로 먹어라.
3. 음식값은 주인 마음이다.
4. 캘리포니아 롤? 그런 건 일식이 아니다.
   고로 메뉴에 없다.
5. 당신이 만약에 채식주의자라면? 답은 간단하다.
   내 레스토랑에 오지 마라.

이런 괴팍한 원칙과 가격에도 불구하고 가게 내부는 매일 저녁 만석이다. 저녁 식사 한 끼를 위해 전 세계의 미식가들이 비행기를 타고 뉴욕에 온다. 그렇게 할 수 있는 이유는 단 한 가지, 바로 생각의 수준과 차이다.

오래전 어렵게 예약하고 '마사'에 갔다. 첫인상과 분위기부터 다른 곳들과 사뭇 달랐다. 저 멀리 바의 뒤편에서 식재료를 준비하고 있는 셰프 마사요시 타카야마(Masayoshi Takayama)의 모습이 보였다. 그런데 바가 보통 일식집의 바 같지 않았다. 일반적

마사요시 타카야마 셰프. ⓒmasanyc

인 스시 바에서 볼 수 있는 후면 선반이 없다. 넓고 여유로운 공간에 커다랗고 우아한 화병에 꽂힌 계절 꽃나무가 전부다. 마치 넓은 정원에서 요리를 해주는 것과 같은 풍경이다. 정원의 한편에선 와규(和牛)를 위한 숯불이 준비되고 있었다. 참고로 '마사'에서는 구이 요리를 할 때 숯을 고기 밑에 놓지 않고 위에 놓는다. 숯의 향과 연기가 지나치면 고기 본연의 맛을 즐기지 못한다는 이유 때문이라고 설명한다.

안내를 받아 바 앞쪽 자리에 앉았다. 촉감과 냄새로도 아주 최상급의 편백 원목으로 만들었다는 걸 알 수 있었다. 그런데 바에 생선을 보관하는 냉장 시설이 보이지 않았다. 눈여겨 살펴보니

가운데 잘 만들어진 얼음 조각이 있고, 그 조각을 둘러싼 직사각형의 상자가 있다. 몇 분 간격으로 얼음 밑동을 조그마한 정으로 톡톡 깨서 얼음물이 흘러나왔고, 그 물이 얇은 스테인리스판 사이를 흐르며 나무 상자 위에 놓인 생선까지 이어졌다. 그 상자는 생선의 신선도를 일정하게 유지하기 위한 장치인 것이다! 상자 위에는 각종 생선과 해물이 진열되어 있었다. 진귀하고 특별한 식재료임은 물론이다.

일행 중 한 명이 일본 유학 경험이 있어 셰프와 여러 이야기를 나눌 수 있었고, 모든 대화를 나에게 통역해 주었다. 셰프는 음식 하나가 나올 때마다 재료와 만든 방법 등을 친절하게 설명했다. 예를 들어 음식에 살짝 소금을 뿌려주면서 "송로버섯과 같이 산에서 난 재료는 히말라야에서 캐온 소금으로 간을 맞추고, 바다에서 나온 생선 요리의 간은 바다 소금으로 한다." 같은 설명이다. 음식 제공 방식과 레스토랑 분위기 등 모든 것은 19세기 스타일이다. 에도 시대로 시간여행을 떠나 그 당시의 정찬 요리를 즐기는 느낌이랄까?

음식값은 아주 비싸다. 하지만 한 번 그 정도 비용을 내고 평생을 두고두고 생각나게 하는 특별한 식사였다. 아니 그 돈을 내고 한평생 생각나는 다른 무엇이 있던가? 식사가 끝나갈 무렵, 나는 셰프에게 물었다.

"우동 한 그릇도 정성껏 만들면 맛있는데 왜 이렇게까지
음식을 만드는 건가요. 예쁘지 않아도 되는데, 왜 그렇게
아름답게 하세요. 예술로 대하는 건가요?"

마사 요시가 답했다.

"그 답은 스스로에게 물어보세요. 대충 살아도 되는데 왜
그렇게 열심히 사는지…."

'마사'의 요리 연출. ⓒmasanyc

15

Ohio

천 번의 아침 식사와 미국의 다이너

누군가와 함께 천 번 이상 아침 식사를 해본 적이 있는가? 가족이
아니라면 결코 쉽지 않다. 미국 오하이오주에 있는 마이애미대학
교(Miami University) 재직 시절, 나는 멘토이자 동료인 하워드
블래닝(Howard Blanning) 교수를 처음 만났다. 그리고 2000년
부터 2007년까지 7년 넘게 그와 천 번 이상 아침 식사를 함께했
다. 처음 만난 날 우리는 근교로 드라이브를 떠나 여섯 시간 동안
여러 작은 마을을 돌아다니며 마치 오랜만에 만난 친한 친구처럼
허물없이 대화했다. 그 후 우리는 매일 아침 식사를 함께했다. 천
번의 아침 식사는 그렇게 시작되었다.

　우리의 아침 식사는 대개 30분을 넘기지 않았다. 동이 트기 전
에 식사를 마치고 각자의 연구실에 도착하면 아침 7시가 조금 넘
었다. 우리는 다른 교수들이 출근하기 전 2시간가량을 맑은 정신
으로 연구에 집중했고 그런 일과를 즐겼다. 때로 아침 식사 중에
심각한 주제가 오가면, 일부러 대화를 주말로 미루기도 했다. 주

오하이오주 커버드 브리지(covered bridge).

미네소타주 '세븐 바인 와이너리(7 Vine Winery)'의 올드카쇼(Old Car Show).

말에는 좀 더 여유를 갖고 식사할 수 있으며, 또 짧은 여행을 떠나 충분한 시간을 두고 이야기할 수 있었기 때문이다. 우리의 아침 식사는 일상의 일부였고 형식이나 격식을 따지지 않는 지극히 소박한 것이었다.

인디애나주와 오하이오주의 경계에 있는 미국인들이 '트럭 스톱(truck stop)'이라고 부르는 허름한 식당 '필립스 27(Phillips 27)'은 우리가 매일 오전 6시 반에 만나서 아침을 먹던 장소였다. 이른 새벽부터 문을 여는 이곳은 공사장 인부들을 비롯한 블루칼라 노동자들이 손님의 대부분이었다. 인근 식당의 종업원들도 출근하기 전 이따금 이곳에서 식사하곤 했다. 그들 대부분은 아주 푸짐하게 아침을 먹었다. 새벽에 일과를 시작하는 사람들과 어울려 아침을 먹는 것은 퍽 기분 좋은 일이었다.

도시 외곽의 도로변에 커다란 주차장을 두고 있는 미국의 전형적인 밥집은 '다이너(Diner)'라고 불린다. 햄버거 체인이나 패밀리 레스토랑, 커피전문점, 스테이크 하우스 등 미국에서 시작된 레스토랑 유형이 많다. 이런 레스토랑들은 다른 많은 나라에서도 비슷한 모습으로 영업 중이다. 유럽과는 다른, 체계적인 사업 방식을 바탕으로 해외 진출에 적극적이었던 미국 외식산업의 결과이기도 하다. 하지만 아메리카 대륙 외에는 존재 의미가 애매한 음식점 형태가 바로 다이너다.

(위)　테네시주 멤피스의 다이너 '아케이드(Arcade)'. 1919년 문을 열어 백 년이 넘었다.

(아래)　미네소타주 세인트 폴(Saint Paul)의 '미키스 다이닝 카(Mickey's Dining Car)'.
　　　　기차의 식당차를 모델로 한 곳으로 1939년 제작되었다. 현재까지 영업 중이다.

다이너는 1930년대부터 크게 유행하기 시작했다. 많은 경우 다이너는 공장에서 생산, 조립되어 여러 주를 옮겨 다니며 설치 되기도 하였다. 특히 1925년 프랑스에서 시작된 아르데코 스타 일이 다이너 디자인에 적용되면서 미국을 대표하는 '유선형 모 던(Streamlined Modern)'을 탄생시키기도 했다. 기차의 식당차 와 같은 외관에 체크무늬 흑백 타일과 비닐 커버 의자, 스테인리 스 등이 조합된 인테리어가 그 특징이다. '그리스(Grease)', '펄 프 픽션(Pulp Fiction)', '히트(Heat)' 등 수많은 영화에서 인물 간의 사건 전개 배경으로 등장하는 곳이 바로 다이너다. 테이블 위에 놓인 소금과 후추통, 토마토케첩과 겨자, 설탕과 낱개 포장 된 잼들은 영화 관객들에게는 꽤 친숙한 풍경이다. 우리나라 설 렁탕집 테이블 위에 놓인 소금, 후추, 다진 양념과 비슷하다.

다이너에서는 보통 커피, 토스트, 팬케이크, 햄버거 등 평범하 고 보편적인 음식을 취급한다. 하지만 푸짐한 식사를 원하는 고 객을 위한 두 가지 대표적인 메뉴가 있다. 실제로는 얇은 소고기 를 튀긴 요리지만 모양이 치킨과 같다고 이름이 붙여진 '컨트리 프라이드 치킨(Country Fried Chicken)'이 그중 하나다. 다른 하 나는 '비프 맨해튼(Beef Manhattan)'으로 뉴요커들이 오픈샌드 위치를 먹는 걸 보고 1940년 인디애나폴리스의 다이너에서 개발 한 메뉴라는데, 뉴욕의 레스토랑에는 팔지 않는다.

(위)　로드아일랜드주 '모던 다이너(Modern Diner)'. 아르데코 스타일이
　　　다이너 디자인에 적용되면서 미국을 대표하는 '유선형 모던'이 탄생되었다.

(아래)　'모던 다이너' 내부. 테이블 위에 미리 놓인 소금과 후추통,
　　　토마토케첩과 겨자, 설탕과 낱개 포장 잼들은 친숙한 풍경이다.

다이너의 전형적인 아침 메뉴인
오믈렛과 핫케이크. 주변에서 쉽게
구할 수 있는 식재료로 대중이 원하는
음식을 정성껏 만들어 제공할 뿐이다.

다이너에는 '아포가토(Af-fogato)' 같은 고급 디저트가 없다. 하지만 걱정하지 않아도 된다. 아이스크림과 커피를 주문하고 알아서 부어 먹으면 된다. 근래 유행하는 '농장에서 식탁으로(Farm to Table)'와 같은 표어를 비웃듯, 재료가 어디서 왔는지도 상관하지 않는다. 그저 구할 수 있는 식재료로 대중 입맛을 겨냥한 음식을 정성껏 만들어 제공할 뿐이다.

다이너의 또 한 가지 재미난 풍경은 접객하는 웨이트리스들의 움직임이다. 마치 한편의 무용 공연을 보는 것 같이 절도가 있고, 나름의 품새를 갖추고 있다. 만약 그런 동작이 반복된 연습을 통해 이뤄진 거라면 기계적이라고 느껴져 지루할 수 있겠지만, 경험이 만들어낸 숙련된 움직임이라 친숙하고 또 우아하다. 마치 꼭 필요한 동작을 군더더기 없이 표현하는 춤사위와 같다.

보통 다이너들은 이른 아침부터 밤늦게까지, 또는 24시간 영업을 하는 경우가 많다. 그리고 동네 주민은 물론 건설노동자, 대학교수, 경찰, 변호사, 여행자 등 모두를 손님으로 환영한다. 그야말로 '국민의, 국민에 의한, 국민을 위한' 식당이다. 간혹 스스로 이름을 '카페'라고 붙이는 경우도 있다. 프랑스식 카페 문화를 동경해서도 그런 것도 있지만, 프랑스인들에게 카페가 그렇듯 다이너는 미국인들의 영원한 거실이자 사랑방, 동네 밥집이다.

16

New York

속도가 생명인 맨해튼의 델리

뉴욕 맨해튼 중심가의 블록 하나에는 보통 수천 명에서, 많게는 약 만 명 정도가 근무한다. 이들이 짧은 점심시간 동안 고층 건물의 엘리베이터를 타고 건물 밖으로 나와, 몇 블록 떨어진 식당에 앉아 차분히 식사하는 건 시간적으로 힘들다. 그래서 많은 뉴요커들은 블록마다 한두 개씩 있는 델리에서 줄을 서서 음식을 테이크아웃 해서 먹는다. 그렇기에 델리의 핵심은 속도다. 짧은 시간 내 수백 명에게 음식을 제공하고 계산을 마치고 떠날 수 있도록 해주어야 한다. 빨리 걷고, 빨리 말하고, 빨리 먹는 뉴욕에서 '천천히'라는 단어는 욕이다. 뉴요커의 이런 속도를 맞춰 서비스를 제공해줄 수 있는 사람들은 당연히 '빨리빨리'가 일상인 한국인들이다. 샌드위치뿐만 아니라 샐러드, 커피, 베이글, 비빔밥, 라면 등 다양한 메뉴를 취급하는 델리는 1980년대부터 급증해, 현재 맨해튼 3천여 개의 델리 중 5백여 개를 한국인이 운영하고 있다.

시대에 따라 조금씩 형태를 바꾸어가는 뉴욕의 델리는 이민자의 삶과 늘 밀접하다. 분주한 델리의 모습은 맨해튼의 고층 건물이나 혼잡한 거리만큼 에너지를 뿜어내는 '뉴욕스러운' 풍경이다. 유럽이나 다른 나라들에도 비슷한 식사 문화가 있지만 다른 나라, 다른 도시에는 적합하지 않은 모델이다. 실제로 시카고나 로스앤젤레스 등으로 진출했던 뉴욕의 한인 델리 주인들은 대부분 성공하지 못하고 철수했다.

오래전 뉴욕에서 '프레임(FRAME)'이라는 이름의 델리를 운영했었다. 매일 새벽 4시에 일어나 5시에 출근하면, 우유를 시작

맨해튼의 델리 '프레임'. 뉴욕의 분주한 일상과 에너지를
느낄 수 있는 가장 뉴욕스러운 풍경을 간직한 델리.

맨해튼의 델리 '프레임'. 델리의 핵심은 스피드다. 빨리 걷고, 빨리 말하고,
빨리 먹는 뉴욕에서 '천천히'라는 단어는 욕이다.

으로 과일, 야채, 햄, 생선, 육류를 실은 트럭들이 순서대로 도착한
다. 하루 평균 천2백 명분의 음식을 만드는 데 이를 위한 재료 박
스는 무려 60여 개에 달했다. 제일 먼저 출근한 직원은 배달된 수
십 개의 식자재 박스를 뜯고 분류한다. 곧이어 주방 직원들이 나
와 배달된 식재료를 다듬고 아침을 준비한다. 거의 예외 없이 첫
손님은 옆 빌딩에 있는 비영리단체 대표인 캐런(Karen)이었다.
매일 기분에 따라 계란과 과일 등의 푸짐한 아침을 포장해 갔다.
오전 6시가 지나면 물밀듯이 손님들이 몰려온다. 뉴요커들이 이
렇게 부지런한 줄 델리 운영 전에는 몰랐다. 아침 3백 명, 점심 8백
명, 그 사이 시간에 백여 명, 그리고 열 몇 군데의 케이터링은 하루

를 정신없이 바쁘게 만든다. 많은 손님이 단골이라 이들과 매일 인사하고 안부를 묻고 간단히 대화하는 것도 꽤 많은 에너지를 필요로 하지만, 즐거운 일과다.

주 메뉴는 커피, 샌드위치, 샐러드 등의 간편식이었지만 프레임은 다른 델리들과 다르게 고급스러운 인테리어와 클래식 음악, 꽃장식으로 차별화를 줘서 명성을 얻었다. 뉴욕의 신부들이 선망하는 웨딩케이크 샵 주인 셰릴 클라인만(Cheryl Kleinman) 등 최고의 베이커리들과 벤더들도 나의 델리를 방문하고는 특급호텔만 거래한다는 자신들의 물건을 기꺼이 공급해 주었다. 인근에 있던 패션 브랜드 '코치(Coach)'와 '뉴욕 앤 컴퍼니(New York & Company)', 신문사, 방송국의 직원들이 주 고객이었다. 전혀 고급 레스토랑이 아니었음에도 깨끗한 매장과 멋쟁이 손님들로 웬만한 특급호텔보다 분위기가 좋았다. 손님들은 물론 물건을 공급해 주는 벤더들도 공통으로 "맨해튼의 델리 중 너희가 최고다. 최소한 최고 중에 하나다."라는 이야기를 자주 건네곤 했다.

가공육이나 치즈 등을 판매하는 델리는 '맛있는 음식'을 뜻하는 독일어 '델리카테슨(Delicatessen)'을 어원으로 한다. 1991년 개봉한 장 피에르 죄네(Jean-Pierre Jeunet) 감독의 프랑스 영화 '델리카드슨 사람들'로 그 명칭을 친숙하게 기억하는 사람도 있을 것이다.

19세기 말부터 유럽 이민자들에 의해 뉴욕에 여러 개의 델리가 생겨났다. 그러나 단지 식재료를 판매하는 곳이 아닌 간단한 식사도 해결할 수 있는, 즉 상점에서 식당으로 그 개념이 바뀌었다. 그중 가장 유명한 곳은 '캐츠(Katz)'다. 영화 '해리가 샐리를 만났을 때'에서 맥 라이언의 오르가즘 장면으로 유명한 장소다. 특히 롭 라이너(Rob Reiner) 감독의 어머니가 연기했던 옆 테이블 할머니의 "저 여자가 먹는 거 나도 달라(I'll Have What She's Having)."는 영화사에서 가장 유명한 대사 중 하나다. 이 표현은 2022년 '뉴욕 역사 협회(New York Historical Society)'에서 열렸던 전시 '유대인 델리(The Jewish Deli)'의 제목이기도 했다.

133

'유대인 델리' 전시. '캐츠 델리(Katz Delicatessen)'의 모형과 사진을 전시하고 있다.

17

Tokyo

샤퀴테리와 사찰음식

몇 해 전, 일본의 어느 사찰음식 전문점에서 식사할 때의 일화다. 채소의 색과 질감을 살려 연출한 가이세키(會席料理) 특유의 예쁜 요리들의 향연이 이어졌다. 그런데 거의 마지막 코스로 뭐가 뭔지 모르는 메뉴 하나가 나왔다. 모양도 제각기인 채소를 볶은 후 녹말가루를 푼, 중국 음식 같기도 한, 전혀 먹음직스럽지 않아 보이는 요리였다. 나의 의아해하는 표정을 보더니 오너 셰프인 스님이 겸손한 미소를 지으며 설명했다.

135

> "이제까지 예쁘고 맛있는 부위를 드셨으니 이제 다소 맛없고 못난 부분도 남기지 말고 드십시오."

불가(佛家)에는 육식이나 오신채를 금하는 것, 자연에서 나오는 소박한 식재료를 써야 하는 원칙이 있다. 또 하나는 음식을 낭비하지 않는 것으로, 이는 발우공양의 기본이다. 일식집에서 식전

일본 사찰음식점 '본'의 가이세키 요리.

이나 식사 중에는 좋은 품질의 녹차를, 식후에는 비교적 상품성이 떨어지고 가격이 저렴한 대작(大雀)을 볶아 만든 호지차(ほうじ茶)를 제공하는 것도 같은 맥락에서 이해할 수 있다. 이처럼 전통적으로 종교와 관련된 식단에는 나름의 규율이 존재해 왔다. 돼지고기를 먹지 않는 이슬람의 할랄(Halal), 음식의 혼합이나 먹는 순서의 금기와 허용을 명시한 유대교의 코셔(Kosher) 등이 대표적이다.

외식산업은 늘 경제 상황에 영향을 받는다. 호황기에는 고급 레스토랑 수요가 늘고, 비싼 술의 소비가 증가한다. 뉴욕의 레스토랑에서도 스테이크 등 고가 메뉴가 잘 팔린다. 고객들은 법인 카드로 결제한다.

미국 경제에 브레이크가 걸렸던 2008년 '리먼 브러더스 사태' 이후 상황은 많이 바뀌었다. 와인도 덜 마시고, 가성비 위주의 메뉴를 선택하는 소비자가 늘었다. 그러면서 많은 레스토랑의 메뉴에 '샤퀴테리(Charcuterie)'가 추가되었다. 샤퀴테리는 육류를 가공해 만든 식품을 가리키는 프랑스어다. 보통은 소, 돼지, 닭, 오리, 토끼 등의 고기를 염장하거나 훈제해서 만든다.

샤퀴테리.

'프랑스인의 소울 푸드'라는 잠봉(Jambon, 햄)이나 소시송(Sau-cisson, 소시지), 이탈리아의 살라미(Salami) 등이 대표적이다. 고기의 특정 부위를 통째로 쓰는 일도 있지만, 보통은 발골 후에 남은 고기를 섞어 만든다. 이런 방법은 고대 로마 시대부터 이어진 전통으로 '짐승을 도축할 때 어느 부위도 낭비하지 않는다'라는 생각이 그 뿌리에 있다. 우리로 치면 머리 고기, 족발, 오소리감투, 내장, 귀 등을 버리지 않고 골고루 먹는 모둠 수육과 유사하다. 덕분에 평소에 잘 몰랐던 특수 부위를 알게 되는 재미도 있다.

이탈리아에서 젤라토가 가장 맛있다는 시칠리아에서는 젤라토를 햄버거용 빵인 브리오슈(Brioche) 사이에 듬뿍 담아 먹는다. 가난한 시칠리아인들이 아이스크림 하나로 끼니를 때울 수 있고, 종이컵도 따로 필요하지 않기 때문이다.

프랑스 시골 푸줏간의 소시송 메뉴 그림.

18

New York

뉴욕 차이나타운의 백 년 식당

1920년 문을 연 '놈와(南華茶室, Nom Wah Tea Parlor)'는 뉴욕 차이나타운에서 가장 오래된 식당이다. 처음엔 빵 가게 겸 찻집으로 시작해, 월병이나 아몬드 쿠키, 단팥빵을 팔며 이름을 알렸다. 요즘에는 일주일에 수만 개를 판매하는 딤섬과 광둥식 음식을 전문으로 한다. 1974년 설거지와 주방 보조를 담당하던 종업원이 식당을 인수했고, 현재 그 조카가 운영하고 있다. 영화 '첨밀밀(甜蜜蜜)'의 후반부, 뉴욕의 스산한 늦가을에 바바리 코트를 입은 배우 장만옥(張曼玉)이 긴 머리를 흩날리며 쓸쓸하게 골목을 걸어가는 장면의 배경이 바로 이곳이다.

정갈한 필체의 한문과 영어로 쓰여 있는 빛바랜 붉은 간판은 뉴욕 차이나타운을 대표하는 이미지 중 하나다. 실내는 마치 장국영(張國榮) 주연의 홍콩영화 세트 같다. 오래되어서 군데군데 깨진 타일 바닥과 빨간 체크무늬 테이블보, 빈티지 조명, 구형 선풍기가 서로 어우러지고 벽에는 흑백사진들이 붙어 있다. 찻잔

'놈와'의 내부 선반의 틴케이스 전시.

은 짝이 맞지 않고 제각각이다. 마치 우리나라 식당에서 주문한 맥주나 소주가 같은 브랜드 로고가 새겨진 잔에 담겨 나오지 않는 것과 비슷하다. 디지털로는 담을 수 없는 아날로그 정서가 내부에 가득하다. 정겨운 시간으로의 여행이자 매우 문학적인 풍경이다. 요즘 차이나타운에는 워낙 딤섬을 잘하는 레스토랑이 많아 어묵 맛과 비슷한 이곳의 딤섬을 추천하지는 않지만, 노포 분위기를 경험하기 위해서는 한 번 찾아가 볼 만하다.

'놈와'는 지난 백 년간 80만 중국 이민자들의 사랑방 역할을 해 왔다(참고로 뉴욕의 첫 한식당과 일식당은 모두 1960년대에 처음 문을 열었다). 백 주년을 맞은 2020년 기념으로 요리책도 발간했다. 백 년이 넘은 노포를 방문하는 건 특별한 경험이다. 가게에서 느껴지는 세월의 유구함과 다녀간 사람들의 흔적을 감상하는 순간은 과거로의 시간여행이다.

어느 도시에나 노포가 있다. 상대적으로 역사가 짧은 미국은 이민자들이 개업한 업소가 많다. 다문화의 좌표다. 미국 개척 시대에 대륙횡단철도 공사와 광산업 활황으로 중국인 노동자가 샌프란시스코에 대거 유입되었다. 공사가 끝난 후 이들은 새로운 직업을 찾아 인종차별을 피해 뉴욕으로 이주했다. 이들이 정착하면서 지금의 차이나타운이 형성된 것이다. 뉴욕의 차이나타운은 규모로 따지면 샌프란시스코 다음이다. 이민자들의 역사와 애환을 담고 있다. 이들 중에는 광둥성 출신들이 많았다. 그래서 식당에서도 북경 오리보다는 광둥식 오리요리를 많이 취급한다. 맨해튼에서 재개발되지 않고 옛 모습이 남아 있는 몇 안 되는 동네 중 하나다. 이민의 고달픈 역사와 아메리칸드림을 바라는 눈빛, 희망과 절망이 교차하는 삶을 이 노포는 백 년간 지켜보고 있었다.

대표 메뉴인 딤섬.

19

Seoul

신촌의 두 노포

신촌은 서울의 대표적인 대학가다. 오래된 대학가인 만큼 그 주변에는 노포(老鋪)들이 꽤 남아 있다. '대구삼겹살'도 그중 하나다. 목장갑을 끼고 도마 위의 통삼겹살을 자르며, 투박한 사투리로 손님을 맞이하던 주인아저씨의 모습은 여전히 단골들에게 기억되고 있다. 지난해 서울에 왔을 때 문득 생각이 나서 들렀다. 오래된 건물에 낡은 간판, 몇 번 단장했지만 정감 어린 인테리어는 여전했다. 현재는 작고한 주인의 대를 이어 따님이 식당을 운영하고 있었다. "예전에 아버님과는 가끔 장미사우나(마광수 교수의 소설로 유명한 장미여관 일 층에 있었던 사우나)에 같이 가서 목욕하곤 했었다."라는 말에 따님은 "선생님 같은 분들이 아직도 찾아주셔서 여전히 장사가 잘됩니다."라며 눈물을 글썽거렸다.

멀지 않은 곳에 다른 노포 고깃집이 있다. 영화 배경으로 등장했을 만큼 분위기가 그럴듯한 골목에 자리 잡은 곳이다. 이곳 역시 옛 기억을 떠올리며 찾아갔다. 자리에 앉아 일행을 기다리는 동안 주인으로 보이는 아주머니에게 대학 시절 이곳에 자주 왔었다고 인사했다. 그러자 "지금에 와서 무슨 1980년대 이야기를 하느냐?"라며 얼굴을 찡그렸고, 곧바로 주문을 독촉했다. 귀를 의심했고 그 집을 찾은 걸 후회했다. 오래전의 추억을 간직하고 방문한 손님에게 반가운 한마디의 인사가 그렇게 어려운 일이었을까? 그 식당에서 손님은 그저 매상을 위한 물주였을 뿐, 주인 아주머니는 영혼이 없는 듯 손님을 대했다. 노포라는 엄청난 콘텐츠를 간직하고도 왜 그렇게 장사를 하는 건지 안타까웠다. 고기를 굽던 연탄불은 이제 숯불로 업그레이드되었지만, 손님을 대하는 마음은 다운그레이드된 듯했다.

노포 특유의 분위기는 손님을 끄는 세계 공통의 코드다. 언제부터 열었다는 문구 하나로 그 전통과 일관성에 대한 존경심을 갖기 마련이다. 오랜 세월을 지켜온 흔적이 제공하는 감성과 매력이 넘치기 때문이다. 주머니 사정이 넉넉지 않았던 대학생 시절의 음식이 그리 대단했던 건 아니다. 그 맛을 탐미해서 그 동네로 원정 가는 것도 아니다. 옛 공간과 시간으로의 감정이입, 한결같이 손님을 환대하는 주인의 마음, 그리고 세대를 어우르는 포용 때문에 손님이 기꺼이 그곳까지 발걸음을 내딛는 것이다. 노포는 그 정서를 잃어버리면 모든 걸 잃어버린다. 밀려오는 씁쓸한 마음을 뒤로하고 또 다른 노포 '미네르바'로 향했다. 다행히

새로 가게를 맡은 주인은 따듯한 인사와 덕담으로 우리 일행을
맞이했다. 1970년대부터 사용하던 사이펀(Siphon)으로 내려 준
케냐산 커피도 달콤했다.

(위) 정겨운 그 정서를 간직한 '대구삼겹살'.
(아래) 1970년대부터 사용하던 사이펀으로
       커피를 추출해서 제공하는 '미네르바'.

20

New York

카라일 호텔에서의 매직

10여 년 전 한국에서 뉴욕으로 출장 온다는 어느 회장님의 숙소 문의에 '카라일(Carlyle)' 호텔을 추천했다. 그 회장님은 온라인으로 예약은 무사히 마쳤지만, 다소 당황스러운 경험을 했다고 후일담을 전했다. 호텔 홈페이지에는 보통 예약자 이름을 등록할 때 미스터(Mr.) 미스(Miss), 또는 박사나 의사(Dr.) 등의 호칭을 입력하는 경우가 많다. 하지만 카라일은 다른 호텔들과 다르게 왕, 여왕, 왕자, 백작, 공작, 해군 제독, 장군 등의 호칭이 쭉 등장하더라는 것이었다. 당황했지만 계속 스크롤 다운을 하던 중 회장(President)이라는 호칭을 발견하고 반갑게 클릭하려고 했다고 한다. 하지만 순간 뭔가 이상한 기분이 들어 그 밑을 봤더니 총리(Prime Minister)가 등장하여 '회장'이 아닌 '대통령'의 뜻이라는 걸 알게 되었다고 한다. 결국은 거의 끝까지 내린 끝에 CEO를 찾아서 예약을 마쳤다는 일화였다.

그렇다. 전 세계의 왕족과 국가 원수가 머무는 곳, 영국의 윌리

(위)　'카라일 호텔'의 레스토랑. 이 호텔은 영국 철학자 토마스 카라일의 이름을 따서 명명했다.

(아래)　금박의 천장 아래 새빨간 페라리 색 재킷을 입은 바텐더가 능숙하게 칵테일을 만든다.

거의 백 년 동안 운영되어 왔으며, 수많은 명사가
탑승한 역사가 스며 있는 엘리베이터다.

엄 왕자가 투숙했을 때 그의 이름 첫 글자인 'W'를 베갯잇에 수 놓아주었던 호텔이 카라일이다. 온갖 부류의 사람이 투숙하고 서로 마주치는 플라자(Plaza) 호텔을 '동물원'이라고 업신여길 만하다. 자신들의 호텔에 묵었던 고객의 집을 디자인한 디자이너만이 호텔 실내 장식을 담당할 수 있다는 것도 카라일만의 독특한 정책이다. 이처럼 1930년에 개관한 카라일은 90년이 넘도록 세계 각국의 명사들을 맞이하며 뉴욕의 명물로 군림하고 있다.

호텔 명칭은 19세기 철학, 문학, 예술에 지대한 영향을 미쳤던 영국 철학자 토마스 카라일(Thomas Carlyle)의 이름에서 따왔다. 꼭대기 층에서 센트럴파크를 내려다보는 전경은 뉴욕 최고의 풍경 중 하나이며, 로비에는 항상 카사블랑카 백합(Casablanca Lily)을 장식해 카라일만의 독특한 향을 풍긴다. 호텔 인테리어는 여류 실내장식가 도로시 드레이퍼(Dorothy Draper)에 의해 꾸며졌다. 그 후 몇 번의 리모델링을 거쳤으나 원래 아르데코의 분위기도 여전히 간직하고 있다. 과거 이곳에서 재클린 케네디와 오드리 헵번이 우연히 만나 서로를 소개하고 담소를 나누기도 하였다. 또한 케네디 대통령과 매릴린 먼로가 이 호텔의 비밀통로를 통해 드나들었지만, 당시 언론들은 국익을 위해 일절 기사화하지 않은 일화로도 유명하다.

카라일의 특별하고 섬세한 서비스는 끝이 없다. 객실의 침대와 욕조에는 언제나 꽃잎이 뿌려져 있고, '허니서클(Honeysuckle)' 브랜드가 특별 제작한 비누는 투숙객의 구매 문의가 이어져, 일 년에 평균적으로 2천5백 개나 팔리고 있다. 거의 백 년 된 엘리베이터 역시 다이애나 공주, 스티브 잡스, 마이클 잭슨 등이 탑승한 역사를 지니고 있다. 묵는 손님의 사생활을 일절 밝히지 않는 것으로 정평이 난 카라일에서는 엘리베이터 내의 대화도 철저하게 비밀에 부쳐진다. 이 엘리베이터를 운전하는 앨렌(Allen)은 고객들이 이용하는 짧은 20초를 위해 다양한 맞춤형 대화를 건네는 걸로 유명하다. 실시간 뉴스나 소문, 최근 유행하는 농담을 누구보다 잘 알고 있고, 어린 소녀에게는 동요도 불러준다. 이처럼 인기가 높은 데는 이유가 있다.

매니저, 컨시어지부터 문지기, 바텐더, 피아니스트, 청소부까지 카라일의 많은 직원은 평생을 이 호텔에서 일하고 정년퇴직한다. 그래서 고객은 다시 찾아도 언제나 본인을 알아보는 직원을 어렵지 않게 만날 수 있다. 오랜 전통이 단단히 쌓아 올린 이런 역사는 모방할 수 없다. 뉴욕 양키스 스타디움에서 야구 경기가 중단되는 걸 상상할 수 없듯, 카라일의 불이 꺼지는 건 있을 수 없는 일이라고들 한다. 사실 이렇게 할 수 있었던 건 회사 경영이 아니라 개인 경영이었기 때문이다. 그래서 2011년 이 호텔을 인수한 로즈우드(Rosewood) 그룹도 그런 전통을 유지하기 위해서 노력을 이어가고 있다.

호텔 안의 레스토랑이 너무 유명해서 당황스러운 일도 있었다고 한다. 캡틴이 어느 날 한쪽 문으로 폴 매카트니가 들어오고 다른 문으로 리차드 기어가 들어오는데 누구를 먼저 맞이해야 할지 순간 고민했다는 일화가 전해진다.

배우 폴 뉴먼은 뉴욕에서 영화를 촬영하던 당시, 늦은 밤 레스토랑에 들러 간단한 식사를 즐겼다. 샐러드를 시키고는 드레싱을 위한 재료를 이것저것 주문해서 섞어 먹었다. 어느 날 웨이터 캡틴이 뉴먼이 만든 드레싱을 맛보고 감탄했다고 한다. 그리고 그렇게 탄생한 것이 미국 슈퍼마켓에서 흔히 볼 수 있는 '뉴먼즈(Newmans)' 샐러드드레싱이다.

카라일에는 유명한 장소가 두 군데 있다. 첫 번째는 '카페 카라일'인데, 이곳은 1952년 영화 '물랑루즈'로 아카데미 미술상과 의상상을 동시에 받은 프랑스 예술가 마르셀 베르테(Marcel Vertès)의 벽화로 장식되어 있다. 여기는 영화배우 우디 앨런이 에디 데이비스가 이끄는 '뉴올리언스 재즈 밴드'와 함께 35년간 매주 월요일마다 클라리넷 연주를 했던 곳으로도 유명하다.

오래전 어렵게 예약하고 카페에 도착해 연주를 기다리고 있었는데 근처에 사는 우디 앨런이 연주 직전, 마치 동네 할아버지가 산책 나온 듯한 복장으로 나타났다. 자리에 앉자마자 리허설도,

악기의 튜닝도 없이 바로 첫 곡을 시작했다. 음악 자체보다는 우디 앨런을 보러오는 관객들이 더 많기는 했지만, 연주도 수준급이었다. 시간이 갈수록 천천히 젖어 드는 재즈의 리듬과 원로배우의 멋진 연주를 감상하는 맛은 이 공간의 스토리 그 자체였다.

다른 한 곳은 '베멀먼즈 바(Bemelmans Bar)'이다. 1947년 문을 열어 77년의 역사를 지닌다. 금박의 천장을 갖춘 아르데코 스타일의 인테리어는 뉴욕의 대표 올드패션 풍경이다. 재즈 피아노, 보컬이 어우러진 이 바의 음악 연주 또한 정평이 나 있어, 듀크 엘링턴이나 조지 거슈윈 등도 여기서 공연을 했었다. 언젠가 빌리 조엘이 방문해서 피아노를 칠 때 리즈 테일러가 옆에 앉아서 같이 노래한 일화도 유명하다. 트루먼 대통령, 폴 매카트니 등 수많은 명사의 단골 술집이기도 했다.

상대적으로 조용한 어느 연휴의 마지막 날 오후 베멀먼즈 바를 찾았다. 마침 바는 비어 있었다. 늘 마시던 것처럼 진 마티니를 온 더 락으로 주문했다. 빨간색 재킷을 입은 바텐더는 미소를 띠며 능숙하게 칵테일을 만들었다. '뉴요커' 잡지의 표현대로 손님들로 꽉 차 있을 때의 소음은 마치 이 바가 세상의 중심인 것 같았는데, 한가한 시간에 찾아보니 사막과 같이 고요한 공간이었다. 여기서 무엇보다 유명한 건 바 전체를 장식하는 '센트럴 파크'라는 제목의 벽화다. 우리나라에도 번역 출판된 『마들린느

(Madeline)』시리즈의 동화 일러스트레이터 루트비히 베멀먼즈
(Ludwig Bemelmans)의 작품이다. 본인의 책 중 주인공 마들린
느가 11명의 친구와 센트럴 파크에서 사계절 노는 걸 벽에 그린
것이다. 연못과 벤치에서 아이스크림을 먹는 장면이나 웨이터 원
숭이, 신사복을 입은 토끼, 스케이트 타는 코끼리 등의 모습이 특
유의 표현주의 기법으로 재미있게 묘사되어 있다. 이 로맨틱한
벽화는 웨스 앤더슨 감독이 '그랜드 부다페스트 호텔' 영화의 이
미지를 구상할 때 큰 영감을 주기도 했다. 작가인 베멀먼즈는 이
벽화의 제작비를 받는 대신 호텔에서의 18개월 무료 투숙을 선
택해 가족과 함께 시간을 보냈다.

　재미있는 점은 간혹 손님들이 벽화의 일부를 훔쳐 가는 일이
발생한다는 것이다. 어떤 도구를 써서, 어떻게 뜯어 가는지 의문
이지만 호텔 측은 훼손된 벽화를, 기능공을 고용해 정기적으로
복원한다. 또 벽화 내용과 그 정서를 기념하기 위해 호텔은 낮에
어린이를 초대해 동화 읽기 행사도 연다. 미술관의 어떤 그림 못
지않은 힘과 이야기를 간직한 이 벽화는 오늘도 바를 방문한 손
님과 친근하게 교감한다.

'베멀먼즈 바'의 내부 벽화. 주인공 마들린느가 11명의 친구들과 센트럴파크에서
사계절 노는 장면을 그렸다. 미술관의 어떤 그림 못지않은 힘과 이야기를
간직한 이 벽화는 오늘도 이 바를 방문한 손님과 교감한다.

Gourmandises;

맛있는 음식에 대한 예찬

Chapter 2 맛, 사람, 문화

프랑스인들은 평소에도 입버릇처럼
미국의 음식문화를 무시한다.

"종교가 수십 개, 비영리단체는 수천 개나
되면서 소스는 케첩 하나밖에 없다."

미국인들은 이에 아랑곳하지 않고 답한다.

"감자튀김에 하인즈 케첩을 뿌릴 때면
내 심장이 두근거린다."

01

English Breakfast

잉글리시 브랙퍼스트

영국식 아침 식사를 뜻하는 '잉글리시 브랙퍼스트(English Breakfast)'는 꽤 널리 알려진 용어다. 영국인에게는 하루 중 가장 중요한 한 끼이자 외식업 매출의 11퍼센트를 차지할 정도로 비중이 크다. 음식이 대체로 맛없다고 평가되는 나라여서, 작가 윌리엄 서머싯 몸(William Somerset Maugham)의 "영국에서 잘 먹으려면 하루 동안 아침을 세 끼 먹으면 된다."라는 표현에 영국인들도 대체로 동의한다.

사실 영국 귀족들은 아침 식사를 잘 챙겨 먹지 않았다. 귀족들은 아침은 생략하고, 점심은 사냥터에선 피크닉으로 때우거나 집에 머물 때는 간단하게 차려 먹었고, 저녁은 프렌치 스타일로 정찬을 즐겼다. 귀족들은 특별한 일과가 없었으므로 아침을 든든히 챙겨 먹을 이유가 없었던 것이다. 단지 집에 손님이 있을 때 접대 차원에서 푸짐한 아침 식사를 대접했다. 손님을 환대할 겸 또 잘 사는 걸 은근히 드러내기 위해 온갖 소시지는 물론 넙치 스테이

영국 리폰(Ripon)의 '그랜트리 홀(Grantley Hall)' 호텔.
과거 영국 귀족들은 이 같은 대저택에서 자신의 부와 권위를 과시하기 위해
손님을 극진히 대접했고, 그것이 잉글리시 브랙퍼스트의 시작이었다.

크, 꿩 알, 소 혓바닥 요리 등을 식탁에 차려놓곤 했다. 이는 귀족의 문화적, 경제적 수준을 보여 주는 척도였다. 그래서 온갖 산해진 미를 고급 식기와 함께 뷔페 스타일로 준비해 놓곤 했다.

대저택일지라도 아침은 뷔페이기에 점심, 저녁과 달리 하인들이 일일이 챙겨주지 않는다. 보통 손님이 편한 시간에 일어나서 먹고 싶은 것을 마음대로 먹을 수 있도록 다양한 음식을 차려놓기만 했다. 하인들은 주인과 손님이 식사하는 모습을 지켜볼 뿐이다. 그 전통이 오늘날까지 이어져 대부분의 호텔에서 아침 식사는 뷔페로 차려지는 것이다. 다만 기혼 여성은 배려 차원에서 하인이 차린 음식을 방으로 가져다줬다. 화장을 하지 않은 채 아침을 먹을 수 있는 특권이다. 이 전통은 오늘날 룸서비스의 기원이 되었다. 물론 화장이 필요 없는 여자아이들이나 미혼 여성들은 예외다.

하나의 미식 문화로 자리 잡은 영국식 아침 식사는 '해가 지지 않는 나라(The empire on which the sun never sets)'라는 수식어로 표현되는 빅토리아 시대(1837~1901)에 시작되었다. 산업혁명 이후 공장 노동자들의 영양 보충을 위해 토스트와 함께 베이컨, 계란, 소시지, 그리고 순대의 일종인 하기스(Haggis) 등이 제공되었다. 두 차례의 세계대전 이후에는 구운 토마토와 버섯이 더해지면서 오늘날 우리가 알고 있는 잉글리시 브랙퍼스트가 완성되었다. 이는 인도 뭄바이 등 영국의 여러 식민지로 번졌고, 호텔과 호화열차의 식당 칸, 유람선에도 스며들면서 하나의 국제적인 표준 스타일로 정착이 되었다.

잉글리시 브랙퍼스트는 커피와 빵으로 간단하게 아침 식사를 때우는 프랑스 등 유럽 대륙 나라들의 '콘티넨털 브랙퍼스트(Continental Breakfast)'와 분명 대조된다. 프랑스에서의 일반적인 아침 식사는 크루아상과 커피 한 잔이 전부다. 심지어 딸기잼도 시키면 안 된다. 잉글리시 브랙퍼스트의 미국 버전을 굳이 꼽자면 트럭 스톱이나 다이너일 것이다. 오늘날 '아메리칸 브랙퍼스트'로 알려진 형태다. 무한 리필 커피, 계란, 베이컨 등과 더불어 종종 와플이나 팬케이크에 시럽이나 잼과 같은 달콤한 소스를 더해 먹는다. 물론 패스트푸드 문화가 워낙 강해서 미국인들은 도넛이나 베이글, 맥도날드 햄버거 등으로 아침 식사를 대신하기도 한다.

영국식 아침 식사를 진정으로 즐기기 위해서는 신문과 함께 시간 여유를 가지는 것이 중요하다. 베이글을 입에 물고 바쁘게 뛰어가는 뉴욕의 아침과는 사뭇 다르다. 영국식 아침 식사는 하루의 시작을 여러 명과 함께하는 사회적인 행위지만, 타인과 굳이 이야기를 섞을 필요가 없다. 주변에 관심을 두지 않은 채 혼자서 신문을 읽어도 무례하지 않다. 그러나 서로를 존중하는 마음

가짐은 중요하다. '애프터 눈 티'와 함께 영국 문화로 자리 잡은 아침 식사의 이면에는 이러한 태도가 담겨 있다. 그래서 영국에서 아침 식사를 할 때면 언제나 약간의 설렘이 있다.

영국에는 '잉글리시 브랙퍼스트 소사이어티'가 있다. 아침 식사의 전통과 역사를 존중하고 연구하는 모임으로 그 역사가 백 년이 넘었다. BBC나 CNN에서도 다룰 만큼 유명한 이 단체는 아침 식사의 기원과 발달, 레시피 등 관련 문화를 기록하고 있다. 멤버에는 유명 작가, 외교관, 영화감독, 호텔 주인은 물론 농부, 카페나 푸줏간 주인 등 일반적인 직업을 가진 사람들도 포함되어 있다. 바쁜 도시민의 삶 속에서도 이런 올드패션 문화를 간직하는 모습은 참 배울 만하다.

런던 '리츠' 호텔의 룸서비스.

런던 '리츠' 호텔의 아침 식사.

잉글리시 브랙퍼스트. 산업혁명 이후 공장 노동자들의
칼로리 보충을 위한 요구로부터 시작되었다.
예전에는 토스트와 함께 베이컨, 계란, 소시지 등으로
구성되곤 했었다. 그러나 세월이 흐른 후 구운 토마토와
버섯이 더해지면서 하나의 스타일로 완성되었다.

Fried Green Tomatoes

프라이드 그린 토마토

미국의 영화배우이자 작가인 패니 플래그(Fannie Flagg)의 소설『프라이드 그린 토마토(Fried Green Tomatoes at the Whistle Stop Cafe)』는 1987년 발간 직후 36주 동안 '뉴욕타임스'의 베스트셀러에 올랐다. 그리고 1991년 영화로도 제작돼 세계적인 성공을 거뒀다. 영화 속에서 '드라이빙 미스 데이지'로 아카데미 여우주연상을 받은 제시카 탠디(Jessica Tandy)의 소름 끼치는 명연기가 무척 인상적이다. 멤피스 출신으로 '미저리'로 아카데미 여우주연상을 받은 캐시 베이츠(Kathy Bates)가 미국 남부 사투리로 외치는 "토완다(Towanda, 인디언 말로 '빠르게 흐르는 물'이라는 뜻)!"는 지금도 영화사의 명대사로 기억되고 있다.

원래 소설의 배경은 앨라배마주 아이언데일(Irondale) 마을이지만, 영화 제작진은 조지아주 줄리엣(Juliette)을 로케 장소로 택했다. 지역 철도를 설계한 엔지니어가 자신의 딸 이름을 따서 명명한 작은 시골이다. 이 마을 입구로 진입하는 순간 보이는 선로

와 몇 군데의 앤티크 상점, 현재는 기념품 가게로 바뀐 역사(驛舍)
건물은 그야말로 영화 세트 같은 느낌을 준다.

영화 속 '휘슬 스톱 카페(The Whistle Stop Cafe)'는 원래 1927
년에 지어져 가축 사료와 철물, 약품과 자동차용 휘발유를 팔던
잡화점 건물이었다. 영화를 위해 스태프들은 잡화점을 카페로 개
조하고 마을 주변을 청소하면서 약간의 환경미화를 했다. 영화 개
봉 직후 잡화점 주인은 카페로 업종을 바꿨다. 내부에는 과거 잡
화점에서 사용하던 고기 무게를 재는 저울, 앤티크 계산기, 장작
스토브, 금고와 나무 도마 등이 그대로 전시되어 있다. 영화의 성
공에 힘입은 이런 노력 덕에 아무것도 없는 이 시골 식당에 하루
에 수백 명, 연간 수만 명의 손님이 찾아온다. 근처에 사는 동네 주
민들과 각지에서 찾아온 관광객이 적절히 섞여 있다. 그야말로
'공간력(空間力)'이 무엇인지 보여 주는 예다.

이 카페의 최고 인기 메뉴는 당연하게도 '프라이드 그린 토마
토(Fried Green Tomatoes)'다. 하루에 수백 개의 토마토를 잘라서
튀긴다고 한다. 영화에 소개되기 전에는 대부분의 미국인도 이 음
식을 몰랐다. 영화 흥행과 함께 미국 남부를 대표하는 음식으로
알려지면서 많은 레스토랑이 프라이드 그린 토마토를 메뉴에 넣
기 시작했다. 하지만 실제로는 북동부와 중서부 지방의 음식이다.
이름 그대로 덜 익은 푸르스름한 토마토를 썰어 밀가루 반죽과 옥

수숫가루에 묻혀 튀겨낸다. 첫서리가 올 때까지도 익지 않은 토마토들을 활용하기 위해서 고안된 요리법이었다. 바삭한 표면을 깨물면 터지는 토마토즙은 그야말로 '겉바속촉'의 간결한 완성이다. 설익은 야채의 떫은맛과 지방의 느끼함이 절묘하게 조화를 이룬다.

한참을 밖에서 줄 서서 기다리고 있는데 마음씨 좋아 보이는 아주머니 직원이 문을 열고 남부 사투리로 인사를 건넸다.

"어디서 왔어요? 영화는 봤어요? 자, 그럼 들어와서 우리의 프라이드 그린 토마토를 맛보세요."

영화 흥행 덕에 그 이름을 알린 프라이드 그린 토마토.

'휘슬 스톱 카페' 입구. 1927년에 지어진 건물이다.
원래는 가축 사료와 철물, 약과 자동차용 휘발유를 팔던 곳이었다.

영화 개봉 30년이 지났지만, 카페 내부에는 여전히 수많은 관광객이 북적인다.

03

Chicken & Waffle

할렘의 소울 푸드

미국 문화사나 예술사에서 '할렘 르네상스(Harlem Renaissance)'
라는 표현은 빠지지 않고 언급된다. 1920년대 뉴욕 할렘 지역을 중
심으로 작가, 미술가, 음악가들이 흑인 지위 향상을 목표로 전개했
던 운동을 일컫는다. 이들은 아프리카 민속 문화에서 받은 영감을
바탕으로 넘치는 정열과 창의성을 품고 문학과 예술 분야에 한 획
을 그었다. 하지만 1929년 대공황 이후 사그라들고 말았다.

현재 할렘에는 그러한 주류 예술 운동은 없지만, 여전히 그 맥
을 이어가려는 장소가 있다. 1914년 개관 이래 할렘 공연의 본거
지로 자리매김한 '아폴로 극장(Apollo Theater)'이다. 스윙밴드
가 유행이었던 시절부터 늘 사람들로 붐볐던 장소로 후에 찰리 파
커 등의 재즈 스타를 만든 곳이기도 하다. 로비에는 듀크 엘링턴
과 같은 전설적 연주가들의 사진을 전시한 '명예의 복도'가 있다.

아폴로 극장을 유명하게 만든 인기 프로그램은 매주 수요일
밤 열리는 '아마추어 나이트(Amateur Night)'다. 일반인들이 참

'아폴로 극장'.
'할렘 르네상스'의 중심 역할을 했던 공연장이다.

여하는 경연으로 1934년부터 시작되어 올해로 90년이 되었다.
과거에는 아마추어 가수들의 등용문 역할을 하여 엘라 피츠제럴
드, 마이클 잭슨, 스티비 원더 등의 스타들이 이 프로그램을 통해
데뷔했다.

리처드 기어 주연의 영화에 나오는 '코튼 클럽(Cotton Club)'
역시 다양한 공연을 개최한다. 흑백으로 처리된 건물 내외부 색
채를 비롯해 '공연의 시대'인 1930년대 초 유행했던 아르데코 스
타일의 디자인 요소들이 풍부하다. 루이 암스트롱, 냇 킹 콜 등 당
시 연주자들 모두 흑인이었음에도 흑인 관객은 입장시키지 않았

던 미국 역사 속 인종차별의 단면을 간직한 곳이다. 이곳을 일요일 점심쯤 방문해 보면 예배 이후 화려하게 차려입고 가스펠 브런치를 즐기는 멋쟁이 흑인들을 볼 수 있다.

우리나라에도 잘 알려진 '치킨 와플(Chicken & Waffle)' 메뉴는 할렘의 한 심야식당에서 탄생했다. 프라이드 치킨은 미국 흑인 노예들이 주로 먹던 음식으로, 그들의 눈물과 영혼이 스며 있는 흑인들의 '소울 푸드'다. 스코틀랜드 이민자들로부터 미국에 전해진 치킨은 우리나라의 씨암탉처럼 귀한 손님에게 제공하던 음식이었다. 노예였던 흑인에게도 닭을 기를 권리는 주어졌었다. 그래서 닭은 아주 특별한 식재료였고, 흑인들에게는 거의 유일한 육류 섭취 수단이었다. 와플은 네덜란드 이민자들에 의해서 19세기경 미국에 들어와 아침 식사로 자리 잡은 음식이다.

서민들에게 인기였던 이 두 음식의 결합에는 특별한 스토리가 있다. '할렘 르네상스'의 절정기, 뉴욕에 '웰즈(Wells Supper Club)'라는 식당이 있었다. 냇 킹 콜 등의 재즈 공연자들이 주 단골이었는데 이들은 공연을 마치고 보통 새벽에 방문하곤 했다. 긴 연주로 지친 이들은 허기를 채우기 위해 식당을 찾았지만 그렇게 늦은 시간에는 남은 음식이 별로 없었다. 어느 날 식당 주인은 공연자들을 위해 남은 치킨을 튀기던 중 동이 트는 것을 보고 아침 식사까지 먹고 가라며 와플도 만들어 주었다. 저녁과 아침

이 한 접시에 담긴 이 메뉴는 이후 주린 배를 움켜쥐고 새벽에 식당을 찾은 손님들에게 큰 인기를 누렸다.

이후 할렘가에는 일요일 교회 예배가 끝난 후 치킨과 와플을 같은 먹는 전통이 생겼다. 그 대표적인 레스토랑은 '실비아(Sylvia's)'다. 창업자 실비아(Sylvia Woods)는 남부 지역인 사우스캐롤라이나주에서 뉴욕으로 이주해 크게 성공한 인물로 '사랑, 가족, 하나님'을 신념으로 가족들과 함께 식당을 차렸다. 그가 차린 식당은 프라이드 치킨, 햄, 연어 미트볼, 옥수수빵 등이 유명하고, 디저트로는 럼 케이크가 별미다. 자체 개발한 소스와 요리책도 판매한다. 1962년 35석의 좌석으로 시작했으나 현재는 450석으로 늘어났으며, 미국 전역에서 관광버스를 대절해 찾아올 만큼 인기가 많다. 우리나라에도 널리 알려진 일본만화『아빠는 요리사』에도 등장할 정도니 그 유명세를 짐작할 수 있다.

또 다른 인기 일본만화『심야식당』은 대도시 서민들의 애환을 담은 다채로운 에피소드로 인기를 끌었다. 독특한 시간대를 배경으로 하고, 작은 규모의 공간에서 인물 간 오가는 대화는 극적인 스토리 전개를 이루는 주요소로 활용되었다. 다양한 직업의 손님들이 찾는 심야식당은 뉴욕에도 더러 있다. 대표적으로 택시 영업을 많이 하는 아프가니스탄, 파키스탄 이민자들이 찾는 식당들이 있다. 24시간 영업하는 한식당도 클럽에서 나온 젊은이들이

나 새벽일을 가기 전 사람들이 들르는 장소다. 소호 지역의 '블루 리본(Blue Ribbon)'은 점심이나 저녁 시간보다 한밤중에 예약이 더 어려운 유일한 식당이다. 자기 레스토랑에서 일을 마친 셰프들이 새벽에 주로 모이는 아지트로 알려져서 그렇다.

새벽은 겨울이나 여름이나 을씨년스럽다. 이럴 때 달콤한 시럽이 뿌려진 폭신한 와플과 바삭한 치킨은 실패할 수 없는 조합이다. 물론 하루 중 언제 먹어도 어울린다. 20여 년 전 우리나라에서도 갑자기 와플이 유행하며 카페마다 메뉴에 와플을 넣기 시작했고, 어느 순간에 치킨과 와플이 한 메뉴에 등장했다. 프라이드 치킨의 대명사인 KFC도 몇 해 전 정식 메뉴로 출시했을 정도이니 이제 '치킨 와플'은 전 세계 레스토랑의 단골 브런치 메뉴가 된 듯하다.

치킨 와플.
긴 연주로 지친 공연자들이 새벽에 즐겨 먹던 음식으로,
저녁 메뉴와 아침 메뉴가 한 접시에 담겨 있다.

04

Pane Toscano

토스카나의 빵들이 퍽퍽한 이유

소금은 빵의 발효에 큰 역할을 한다. 빵에 풍미를 더해주고, '골든 브라운(Golden Brown)'이라 불리는 특유의 먹음직스러운 색감도 만들어 준다. 이탈리아를 다니다 보면 식사 때 나온 빵이 유난히 맛없게 느껴진다. 피렌체를 비롯한 토스카나 지역에서는 특히 더 그렇다. 빵에 소금을 넣지 않기 때문이다. '염도가 강한 음식과 균형을 맞추기 위해서'라는 이유가 있지만, 가장 유력한 설은 12세기 무렵 경쟁 도시 피사와의 분쟁 때문이다. 소금을 싣고 아르노(Arno)강을 따라 피렌체로 들어가는 배의 통행을 강 하구에 있는 피사가 일방적으로 막아버린 사건이다. 이때 피사는 피렌체로 들어가는 소금에 고액의 통행세를 요구했다. 피렌체의 소금은 금세 값이 치솟았고, 이에 대항해 피렌체의 제빵사들은 소금을 빼고 빵 반죽을 빚기 시작했다. 영국의 과도한 과세에 항의해 무역선을 습격해 차 상자를 버린 미국의 '보스턴 차 사건(Boston Tea Party)'과 유사한 맥락이다. 그러면서 토스카나 지방에 무염

빵의 전통이 수백 년간 이어진 것이다. 이런 빵을 '일반 빵(Pane Comune)' 또는 '토스카니 빵(Pane Toscano)'이라고 부른다.

소금기가 없는 빵은 발효도 빠르지만, 금세 말라버린다. 자연스레 딱딱하게 굳은 빵을 활용할 수 있는 요리들이 개발되었다. 마른 빵을 가루로 만들어서 토마토소스와 버무리고 마늘, 올리브오일, 바질을 첨가한 수프 '파파 알 포모도로(Pappa al Pomodoro)'가 대표적이다. 이탈리아의 다른 지역과 다르게 토스카나의 모둠 전채요리(Antipasto Misto)에는 프로슈토, 살라미, 머리고기 등과 함께 브루스케타(Bruschetta)가 꼭 나온다. 얇게 자른 빵 위에 각종 토핑을 얹어 먹는다. 이 역시 말라버린 빵을 이용한 레시피다.

토스카니 빵에는 소금기가 없으므로 찍어 먹는 올리브오일이나 함께 마시는 와인의 맛과 질을 음미하기에 좋다. "와인을 살 때는 빵과 함께 시음하고, 와인을 팔 때는 치즈를 제공해라(치즈와 함께 마시면 웬만한 와인이 다 맛있게 느껴지기 때문이다)!"라는 말은 아마 토스카니 빵에 가장 적합한 표현일 것이다. 파스타의 비중이 높아 탄수화물 함량이 충분한 이탈리아 요리에서 빵은 맛의 균형을 맞추는 보조재일 뿐이다. 바게트나 크루아상처럼 식사를 대신하는 빵으로서 그 자체의 맛과 질감이 중요한 프랑스의 빵들과 다르다.

(왼쪽)   프로슈토, 살라미, 머리 고기 등이 포함된 토스카나 지역의 모둠 전채요리.

(오른쪽)   전채요리와 함께 나온 브루스케타. 말라서 딱딱하게 굳은 빵을 활용한 레시피다.

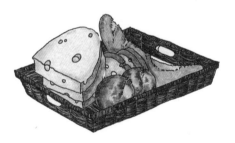

토스카니 빵.
이탈리아 요리에서 빵은 다양한 요리의
균형을 맞추는 보조 역할을 한다.

05

Pizza

피자 전쟁

피자는 고대 이집트, 그리스, 로마의 화덕 파이에서 그 기원을 찾을 수 있다. 하지만 오늘날과 같은 형태의 피자는 19세기 말 나폴리가 그 탄생지다. 1889년 나폴리를 방문한 마르게리타(Margherita) 여왕을 위해 라파엘레 에스포지토(Raffaele Esposito) 셰프가 토마토소스에 모차렐라 치즈와 바질을 얹어 파이를 구웠다. 이탈리아 국기에 들어간 세 가지 색의 식재료를 써 애국심을 드러내고자 했던 '마르게리타 피자'는 그렇게 현대 피자의 기원이 되었다. 납작한 빵 위에 구운 재료를 얹은 가난한 사람들의 요깃거리가 세계인의 음식으로 변모된 계기였다.

이로부터 불과 16년 만인 1905년, 뉴욕에 첫 피자집 '롬바르디스(Lombardi's)'가 문을 열었다. 화씨 8백~9백 도의 온도를 자랑하는 이 식당의 석탄 오븐(지금은 환경문제로 더는 허가가 나지 않는다)으로부터 미국 피자의 역사가 시작되었다. 가게는 문을 열고 머지않아 문전성시를 이뤘다. 유럽에서 건너온 피자를 맛본 미국인들과 제1차 세계대전에 참전했던 병사들의 추억 속 입맛을 자극한 것이다. 이내 피자가 미국 전역으로 퍼지기 시작했다.

뉴욕과 시카고는 미국 피자의 양대 성지다. 2천여 곳의 피자집들이 블록마다 빼곡히 있는 뉴욕에서 뉴요커들은 조각 피자를 반으로 접고 가장자리를 냅킨으로 감싸 기름이 떨어지지 않도록 하는 '뉴욕 폴드(New York Fold)'라는 방식으로 피자를 먹는다. 반면 '딥 디쉬(Deep Dish)'로 불리는 시카고 스타일은 두툼하고 소스가 다소 질퍽하여 레스토랑에 앉아서 포크와 나이프로 썰어 먹는 방식을 말한다. 여기에는 '피자는 스낵이 아니라 식사다'라는 신념이 깔려 있다. 이 피자 전쟁은 결국 뉴욕의 승리로 끝났다. 결정적인 이유는 라이프스타일이다. 길거리에서 쉽게 먹을 수 있고, 배달에 유리한 뉴욕 피자는 전국으로 퍼져나갈 수 있었다. 반면 테이블 서비스로만 가능한 시카고 피자는 고열량 음식을 필요로 하는 추운 중서부 지방에만 머물며 전국적으로 확장되지 못했다.

이렇게 피자 전쟁에서 승리하면서 '피자의 도시'로 입지를 다진 뉴욕에는 수많은 피자 맛집이 생겨났다. 1933년 이스트 할렘에 문을 연 '팻시스(Patsy's)', 우디 앨런(Woody Allen)을 포함해서 많은 뉴요커가 최고라고 생각하는 '존스(John's)', 신용카드 사절, 예약 사절, 배달 사절, 조각 피자 사절을 표어로 걸고 배짱 장사를 하고 있지만 하루 종일 대기 줄이 이어지는 '그리말디스 (Grimaldi's)'가 대표적이다. 뉴요커들은 피자 맛과 선호도에 민감하여 종종 격론을 벌이기도 한다. 많은 미국인이 피자를 먹으러 뉴욕에 오기도 한다.

피자는 간단하지만 섬세한 기술이 필요한 음식이다. 손으로 반죽을 펼치고, 최적의 발효로 표면에 공기 거품이 생기도록 하는 방법에 따라 전혀 다른 식감이 만들어진다. 또한 먹는 사람마다 선호하는 맛이 달라 평가하기에 무척 까다로운 음식이다. 대통령 후보도 무심코 피자에 관한 선호를 잘못 이야기하면 다른 피자를 좋아하는 사람들의 표를 잃는다고 하니 두말할 필요가 없다.

미국은 세계에서 피자를 가장 많이 먹는 나라다. 하루 평균 100에이커(12만 평) 면적의 피자를 소비하고, 토요일에는 그 양이 두 배가 된다. 전문점이나 배달은 물론 냉동 피자 매출도 웬만한 산업보다 크다. 나무나 석탄으로 불 피운 화덕에서 노릇하고 따스하게 구워진 도우, 바삭한 가장자리와 쭉 늘어나는 치즈에 살짝 얹은 새콤한 토마토는 천상의 조화다. 피자는 가격, 속도, 편리성을 담은 현대인의 라이프스타일과 아주 좋은 궁합이다.

뉴욕 '롬바르디스'.
1905년 문을 연 미국 최초의 피자집이다.

뉴욕 브루클린의 '그리말디스'.
배짱 장사를 하고 있지만 하루 종일 대기 줄이 끊이지 않는 피자집이다.

(위)   시카고의 '지오르다노스(Giordano's)' 내부
(아래) 프랑스 알자스(Alsace) 지방의 피자집 간판

(위)   이탈리아 나폴리 '브랜디(Brandi)'
       레스토랑의 마르게리타 피자.

(아래) 시카고 스타일의 피자는 두툼하고 소스가
       다소 질퍽하여 레스토랑에 앉아
       포크와 나이프로 썰어 먹는다.

06

Hamburger

햄버거의 탄생지

완성을 상징하는 동그란 모양이 차곡차곡 겹친 음식. 바로 세계
제일의 패스트푸드, 햄버거다. 미국인은 1년에 총 5백억 개, 1인
당 한 주에 평균 3개의 햄버거를 먹는다. 맥도날드에서 팔리는 햄
버거만 1분에 1천5백 개다. 독일 함부르크(Hamburg) 출신의 항
구노동자들이 고기를 다져 먹던 전통에서 유래된 이 음식은, 이
후에 고기를 빵 사이에 끼워서 간편하게 먹는 방식으로 변형이
이뤄져 오늘날의 햄버거가 탄생하였다.

"햄버거를 발명한 사람은 똑똑했다. 하지만 치즈버거를
발명한 사람은 천재다."
"인생은 햄버거와 같다. 모든 게 뒤섞여 있고 그 위를 베이컨이
지그시 누른다."

이런 재미있는 표현이 수두룩하듯 햄버거는 미국의 일상이자 역

사다. 그만큼 뉴욕, 코네티컷, 위스콘신, 텍사스, 오하이오 등 주마다 원조 논쟁도 뜨겁다. 어디에 사느냐에 따라 근원지가 달라진다고 할 정도로 여러 주가 스스로를 햄버거의 탄생지라고 주장한다. 1895년 문을 연 코네티컷주의 '루이스 런치(Louis' Lunch)'도 그중 하나다. 과거에는 오늘날과 같은 햄버거용 빵이 없어서 식빵을 썼다. 이 식당은 오늘날까지 그 전통을 고수하고 있다. 독일 이민자가 많은 오하이오주 또한 1913년 시작한 '햄버거 마차(Hamburger Wagon)'를 비롯하여 여러 동네에 스스로를 원조라고 칭하는 노포가 하나씩 있다.

자타공인 햄버거의 탄생지로 기록된 곳은 위스콘신주 시모어(Seymour)로, 이곳은 인구 3천 명의 작은 마을이다. 1885년에 열린 축제에 참가한 찰리 내그린(Charlie Nagreen)이 다진 고기를 구워 빵 사이에 넣어 팔았고, 이때부터 햄버거가 시작되었다는 기록이 있다. 실제로 1884년까지는 '햄버거'라는 명칭은 없었고, 다진 고기는 '미트볼'로 불렸다. '햄버거 찰리'로 불리는 그의 동상이 서 있는 시모어에서는 매년 8월, 세계에서 가장 큰 규모의 햄버거 퍼레이드가 열린다.

햄버거는 만들기 간편한 데다가 고열량 음식이므로 산업화 시대에 적합한 패스트푸드로 각광받았다. 특히 자동화 시스템의 도움으로 프랜차이즈에 성공하며 급속도로 미 전역에 유행했다. 또

한 할리우드 영화산업과도 함께 성장하면서 영화와도 각별한 인연을 맺어왔다. 1930년대 유명 만화 캐릭터 뽀빠이, 매릴린 먼로의 1953년 영화 '백만장자와 결혼하는 법'부터 최근의 영화 '아메리칸 뷰티'에 이르기까지 햄버거 먹는 장면은 여러 신(Scean)에 다양하게 연출되었다. 그중 많은 평론가가 최고로 꼽는 명장면은 1994년 영화 '펄프 픽션'에서 사무엘 잭슨이 햄버거를 먹는 클로즈업 샷이다. 1980년대부터 세계 전역으로 진출한 미국 햄버거 체인들은 사업적 측면에서 미국 영화의 덕을 크게 봤다. 할리우드 영화가 인기를 끌면서 이미 전 세계인이 햄버거에 친밀감을 갖게 된 것이다.

브래드 피트, 조지 포먼, 데이비드 베컴, 조슈아 벨 등의 유명인을 포함해 세계인이 좋아하는 햄버거의 시작은 이렇게 소박했다. 요즘 미국에서는 맥도날드나 쉐이크쉑 같은 체인보다는 오래된 햄버거집을 찾아다니는 게 유행이다. "햄버거를 먹기에 나쁜 시간은 없다."라는 표현처럼 공원 어귀의 작은 노점이나 다이너를 찾아 햄버거를 먹는 맛도 쏠쏠하다.

"나는 계속 링 위에 올라가고 싶다. 그렇지 않으면 계속 햄버거 가게에 앉아 있을 테니까."
- 조지 포먼

코네티컷주의 '루이스 런치'.
1895년 문을 연 햄버거의 원조라고 주장하는 레스토랑 중 한 곳이다.

'루이스 런치' 내부에는
골동품 같은 설비가 가득하다.
왼쪽 기계는 빵을 토스트 하는 기계다.
이곳은 여전히 식빵으로 햄버거를 만든다.
오른쪽 기계는 고기 패티를
세로로 넣어 굽는 화로다.

오하이오주의 '햄버거 마차'.
1913년 시작된 유서 깊은 햄버거집이다.

07

Spam

스팸 박물관

미국 미네소타주 오스틴에는 호멜(Hormel)이란 이름의 회사가 있다. 스키피(Skippy) 땅콩버터 등 각종 포장 식품을 세계 80여 개국에 수출하는 글로벌 식품기업이다. 경제공황 시기인 1927년, 창업자의 아들인 제이 호멜이 독일인의 도움을 받아 당시 미국인들은 잘 먹지 않던 돼지고기 엉덩잇살과 어깨살을 이용한 통조림 햄을 만들기 시작했다. 그리고 1937년에 직사각형의 알루미늄 통에 진공 포장된 가공육 스팸(SPAM)을 출시했다. '부패로부터 정지 버튼이 눌러진 고기'라는 표현처럼 몇 년간 상온에서 보관이 가능하여 '신비로운 고기(Wonder Meat)'로 불리며 주목을 받았다. 가난한 사람들의 음식이라는 이미지가 있어 유사품도 많이 생산되었다.

스팸은 미국 식문화의 아이콘이다. 하지만 아이러니하게도 값이 싸고 과잉 공급으로 다소 질리는 부분이 없지 않아 코미디 소재로도 종종 등장하며 정크메일의 대명사로도 사용되고 있다. 실

미네소타주 오스틴에 있는 '스팸 박물관'.

제로 미국인들 중 한 번도 스팸을 먹어보지 않은 이도 많다. 건강한 음식을 찾는 사람들에게는 외면받는 식품이다.

스팸의 유행은 전쟁과 관련이 깊다. 간편한 군용 식량이었던 까닭에 제2차 세계대전 당시 미군과 함께 싸웠던 병사들도 자연스럽게 접할 수 있었다. 영국은 스팸을 '승전 음식'으로 기억하고 있어 지금도 펍에서 안주로 판매한다. 미군이 주둔했던 일본, 필리핀, 그리고 스팸을 넣은 김밥 '무스비(Musubi)'를 탄생시킨 하와이에서도 보편화되었다. 우리나라도 그중 하나다. 1970년대 스팸이 진열되어 있던 도깨비시장의 풍경은 이제 옛 기억이 되었지만 여전히 도시락 반찬으로, 부대찌개의 재료로 인기가 높다. 매년 추석과 구정에 볼 수 있는 스팸 선물 세트는 어김없이 높은 판매를 기록한다. 그리고 이는 종종 미국 신문에서 해외토픽으로 소개될 만큼 신기한 현상으로 비친다.

하루에 10만 개 이상이 생산되는 스팸과 다른 가공육 제품을 위해 오스틴 인근 도축장에서는 하루 2만여 마리의 돼지가 잡힌다. 이 작은 도시에 스팸 버거, 스팸 베네딕트, 스팸 피자, 스팸 브라우니 등 스팸을 주재료로 한 메뉴를 판매하는 레스토랑이 열군데가 넘는다. 그리고 이 불후의 베스트셀러를 기념하기 위해 2001년에는 '스팸 박물관(SPAM Museum)'이 세워졌다. 내부에는 제품 탄생의 역사, 가공 과정과 재료, 스팸 소비가 높은 나라들을 별도로 분류하여 그 내용을 전시하고 있다.

1891년 창립된 호멜은 사회적으로 어려운 시기, 사람들이 허리띠를 졸라맬 때마다 바빠진다. 식탁 위에 진짜 고기를 대신해서 놓을 수 있는 스팸의 수요가 늘기 때문이다. 그런 미국과 달리 한국에서 스팸은 명절을 포함해 1년 내내 잘 팔리는 상품이다. 팬데믹 때도 미국 슈퍼마켓보다 한국의 슈퍼마켓에서 먼저 스팸이 동났다. '전 국민이 스팸을 좋아하는 나라'라는 표현이 무색하지 않게 스팸 박물관에는 따로 한국관이 마련돼 있다. 전시관 스크린에는 배우 유연석이 출연한 광고가 연신 돌아간다.

(위) '스팸 박물관' 외부의 푸드 카트.

(중간) 박물관 내부에는 제품 탄생의 역사, 가공 과정과 재료 등이 전시되어 있다.

(아래) 한국인의 스팸 사랑을 엿볼 수 있는 한국관.

08

Caldillo de Congrio

칠레의 해산물 요리

칠레는 보통 '세계에서 가장 긴 나라'로 알려져 있다. 수천 킬로미터가 이어진 안데스산맥, 드넓고 장엄한 자연환경이 일품인 파타고니아 등으로도 유명하지만, 무엇보다 태평양을 면한 끝없는 해안선이 압권이다. 당연히 해산물도 풍부해서 세계의 미식가들을 유혹한다. 각종 생선은 물론 성게, 홍합, 굴, 털게, 맛조개, 그리고 다른 나라에서 찾아보기 어려운 멍게, 전복 등 그 종류가 매우 다양하다. 이런 재료들을 이용한 해물 요리 역시 일찍부터 발달해 왔다. 생선구이는 물론 전복 만두(Empanadas de Locos), 전복죽, 홍합 볶음밥, 조개 치즈구이, 해산물 뚝배기(Paila marina) 등 다소 색다르지만 한편으로 우리나라 해물 요리들과 비슷한 것들도 많다. 그중 특이한 음식은 '칠로에 국밥(Chiloé Rice)'이다. 전복과 멍게, 쌀과 감자를 넣고 끓인 칠로에섬의 전통 요리로 그 맛이 무척 친숙하고 편안하다. 한반도는 삼면이 바다이고 칠레는 긴 해안선을 면한 나라이지만, 바다가 주는 재료를 활용하는 방

칠레의 전복(Locos) 요리.
태평양을 면한 끝없는 해안에서 채집되는
해산물이 풍부해서 맛객을 유혹한다.

법은 그리 다르지 않은 것 같다.

칠레의 국민 시인 파블로 네루다(Pablo Neruda)는 영화 '일 포스티노(Il Postino)'를 통해 한국인들에게도 친숙하다. 수도 산티아고에서 멀지 않은 이슬라 네그라(Isla Negra)에 그의 집이 있다. 유럽에서 귀국한 후 바다 전망을 보며 문학 활동에 전념하기 위해서 정착한 곳이다. 수집을 좋아해서 집에는 볼거리가 꽤 많다. 네루다는 '칼디요 데 콘그리오(Caldillo de Congrio)'를 좋아했다. 붕장어에 토마토 등의 야채를 넣고 끓인 칠레 전통 음식이다. 이 요리를 너무나 사랑한 나머지 '장어탕(Oda al Caldillo de Congrio)'이라는 송시(頌詩, 특정한 물체를 대상으로 한 서정시)를 남겼을 정도다. 그래서 지금도 칠레에서는 이 메뉴를 네루다의 시(詩)와 함께 소개하는 식당이 많다. 마치 복요리집에 소동파(蘇東坡) 시인의 명문인 "죽음과 바꿀 만한 맛(其味日直 郡一死)."을 써 놓은 것처럼. '바닷속에서 살롱을 본다'라는 시인들의 묘사는 대상이 된 음식을 더욱 특별하게 만든다.

칠레 이슬라 네그라에 있는 파블로 네루다의 집.

09

Food & Fashion

음식과 패션

2023년 뉴욕 FIT(패션디자인대학) 박물관에서 '음식과 패션 (Food & Fashion)'이라는 제목의 전시가 열렸다. 얼핏 어울릴 것 같지 않은 조합 같지만 실제로는 꽤 관련이 있다. 포도송이를 잘 활용한 지방시의 드레스처럼 과일을 비롯한 음식의 이미지는 옷의 패턴에 꾸준히 사용되어 왔다. 디자이너들은 케이크나 샴페인 병 모양에서 영감을 얻어 핸드백 디자인에 적용하기도 했다. 파스타 등 이탈리아 식재료로 패턴을 만든 돌체 앤 가바나, 맥도날드의 로고 'M'을 크게 새겨 놓은 모스키노가 대표적인 예다. 또한 모둠 초밥 형태로 악세서리 선물 박스를 만든 이세이 미야케, 그리고 다소 우스꽝스러워 보이기도 했지만 디저트 크림을 모티브로 한 레이 카와쿠보에 이르기까지 많은 패션 디자이너가 음식으로부터 영감을 얻곤 했다.

현대에 와서도 그 전통은 이어지고 있다. 2001년 다이어트로 체중 감량에 성공한 샤넬의 디자이너 카를 라거펠트(Karl Lagerfeld)는 2011년 '코크 라이트(Coke Light)' 병을 디자인했고, 이 듬해 장 폴 고티에, 그다음 해에는 마크 제이콥스가 뒤이어 새로운 디자인을 선보이면서 코카콜라와 디자이너의 협업은 전통으로 자리매김하였다. 1862년 창립한 파리의 마카롱 명가 '라뒤레(Ladurée)'는 패션디자이너 랑방에게 의뢰해 포장 상자를 만들기도 했다. 파리의 우아한 라이프스타일을 이야기할 때 빠질 수 없는 게 파티스리(Pâtisserie)에 들러 크루아상, 밀푀유, 마델린, 카눌레를 사는 걸 떠올려보면 둘의 결합은 필연적인 것 같다.

음식과 패션이 가장 우아한 형태로 만나는 장소는 레스토랑이다. 프랑스의 고급스럽고 낭만적인 이미지라고 하면 떠오르는 두 가지, 즉 프랑스의 엘리트를 상징하는 두 문화 코드가 바로 '오트 퀴진(Haute cuisine)'과 '오트 쿠튀르(Haute couture)'다. 한 마디로 근사한 식사와 멋진 의상이다. 루이 14세 때부터 그 개념이 만들어지기 시작했고, '로코코(Rococo)'로 알려진 루이 15세 재위 시기를 지나면서 더욱 우아하고 화려한 형태로 자리를 잡았다. 18세기에 이르러서는 '식사 의상'이라는 관념이 형성되었고, 19세기부터 프랑스의 상류층 여성들은 '식사 때마다 다른 의상을 착용하는 것(Dressed to dine)'을 중요하게 생각했다. 잠자리에서 방금 걸어 나온 듯 편안해 보이는 가운을 걸친 아침 식사, 캐주얼한 의상의 오후 다과, 그리고 완벽한 정장 드레스의 저녁 만찬과

(위) 뉴욕 FIT 박물관의 '음식과 패션' 전시

(아래) 오트 퀴진과 오트 쿠튀르. 19세기 말에서 20세기 초에는 좋은 옷을 입고
       파리나 런던의 레스토랑에서 식사하는 것이 사회적 지위를 보여 주는 척도였다.

같은 식이다. 20세기가 되자 일하는 여성이 늘면서 비즈니스 정장이나 칵테일 드레스가 간편한 저녁 의상으로 각광받기 시작했다. 그리고 이것은 '드레스코드'라는 형식으로 정착되었다. 멋진 옷을 입고 파리의 레스토랑에서 식사하는 것이 사회적 지위를 보여 주기 시작한 것도 이 무렵부터다.

근래에는 럭셔리 패션 브랜드들이 스타 셰프를 초청해 행사를 열고, 플래그십 스토어 내부에서 레스토랑을 운영하는 경우도 늘고 있다. 그러면서 컵과 포장 상자, 접시에 브랜드 로고를 새겨 넣어 '나는 맛있는 걸 스타일 있게 먹는다'를 자랑하도록 부추긴다. 이런 예들은 그 시대가 요구하는 음식 문화와 패션의 방향, 그리고 산업 흐름을 설명해 준다. 음식과 패션은 지난 20여 년 동안 가장 큰 관심을 받아온 대중 문화로 사회를 탐구할 수 있는 재미있는 분야다. 그리고 끊임없이 다른 형태로 일상에 찾아와 우리의 가치와 신념, 문화 수준을 대변하고자 한다.

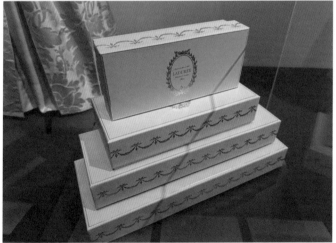

(위)   2011년 카를 라거펠트가 선보인 '코크 라이트' 디자인.
(아래) 랑방이 디자인한 '라뒤레'의 포장 박스.

10

Hotdog

핫도그와 루즈벨트

핫도그는 19세기 말 독일 이민자들에 의해 미국에 소개됐다. 저렴하고 간편하게 먹을 수 있다는 이유로 서민들의 사랑을 받았고, 메이저리그 야구장에서 특히 인기를 얻었다. 미국의 여러 도시에는 내로라하는 핫도그집들이 많다. 그중에서도 '케첩은 절대로 사용하지 않는다'라는 뉴욕과 시카고의 핫도그가 특히 유명하다.

시카고는 간식에 불과했던 핫도그를 미식의 경지로 올려놓은 유일한 도시다. 그리고 시민들은 이를 매우 자랑스럽게 여긴다. 시카고에서는 양귀비씨가 붙은 빵 사이에 소고기 소시지를 넣고 오이, 토마토, 다진 양파, 고추 피클 등의 토핑을 얹은 후 겨자를 뿌린다. 재료들이 조화를 이루지 못할 정도로 지나친 것 같지만 전혀 그렇지 않다. 첫입부터 다 먹을 때까지 각기 다른 토핑과 만나면서 변하는 빵과 소시지의 맛이 그야말로 일품이다. 많은 도시가 자기 나름의 핫도그를 만들었지만 역시나 챔피언은 '빵 위

시카고의 '슈퍼독(Superdawg)'.
시카고는 간식에 불과했던 핫도그를 미식의 경지로 올려놓은
유일한 도시다. 그리고 시민들은 이를 매우 자랑스럽게 여긴다.

의 향연(Banquet on a Bun)'이라고 불리는 시카고 스타일이다. 이런 명성 덕분에 시카고 핫도그는 오헤어 공항에서만 1년에 2 백만 개나 판매될 정도의 인기를 누리고 있다.

뉴욕의 대표적인 길거리 풍경 중 하나는 핫도그 노점상이 즐비한 모습이다. 이곳에선 소시지에 토핑으로 자우어크라우트(Sauerkraut, 독일식 삶은 양배추)를 얹고 겨자를 뿌려 먹는 핫도그를 판다. 뉴욕의 대표적인 핫도그 가게 중에는 '네이튼스 페이머스(Nathan's Famous)'가 있다. 1916년 네이튼 핸트베르커(Nathan Handwerker)가 친구에게 빌린 돈 3백 달러로 브루클린의 유원지 코니아일랜드(Coney Island)에 핫도그 노점상을 차린 것이 그 시작이다. 백 년이 지난 오늘, 이 브랜드는 세계 최초이자 세계 최대의 핫도그 체인이 되었다. 사실 이곳에서는 새우, 클램차우더 등 130여 개의 음식을 팔지만, 핫도그가 여전히 간판 메뉴다. 미국 독립기념일인 7월 4일 정오부터 12분간 펼쳐지는 '핫도그 경연대회(World Hot Dog Championship)'를 스폰하는 걸로도 유명하다. 또 한군데는 '파파야 킹(Papaya King)'으로, 그리스에서 이민 온 16살의 거스 폴로스(Gus Poulos)가 열대음료를 파는 상점으로 1932년 문을 연 곳이다. 후에 그가 독일계 이민자 여성과 결혼하고 프랑크푸르트식 핫도그를 메뉴에 넣으면서 핫도그에 파파야, 망고와 같은 열대과일 음료를 곁들여 마시는 묘

뉴욕의 '네이튼스 페이머스'.
1916년 시작되어 오늘날 세계 최초이자 최대의 핫도그 체인이 되었다.

한 조합을 탄생시켰다. 아주 바삭하게 구운 소시지로 입소문을
타면서 1930년대부터 일대에 있는 독일, 폴란드 이민자들의 단
골집이 된 이래, 뉴요커와 세계 각국의 관광객들도 찾는 명소가
되었다. '안심 스테이크보다 맛있는 핫도그(Frankfurter Tastier
than Filet Mignon)'라는 이 가게의 표어는 저작권 특허까지 지니
고 있다.

　루스벨트 대통령은 1933년 '파파야 킹'을 방문한 뒤 뉴딜 정
책의 청사진을 그렸다고 전해진다. 그리고 1939년 6월 11일, 루
스벨트 대통령은 영국의 조지 6세를 본인이 태어나고 자란 뉴

욕 허드슨 강변의 자택으로 초대했다. 당시 세계 정세는 극도로
불안정했다. 경제공황은 극복했지만 히틀러는 전쟁 준비를 하
고 있었고, 영국은 미국의 개입을 독려하고 있었다. 물론 미국은
관심이 없었다. 역사상 처음으로 미국을 방문한 영국 국왕을 위
한 일요일 오후의 피크닉 메뉴는 영부인인 엘리너(Anna Eleanor
Roosevelt)가 구상했다. 백악관 메뉴에 핫도그가 없는 것에 대해
늘 불평하던 루스벨트 대통령은 평소에 자신이 좋아하는 핫도그
를 포함해달라고 요청했다. 영국 왕과 왕비는 처음 접하는 음식
이었다. 핫도그는 은쟁반에 놓여서 식탁 위로 왔지만, 조지 6세는

다른 사람들과 똑같이 종이 접시에 옮겨 담아 겨자를 바르고 손으로 들고 먹었다. 그리고 하나를 더 달라고 해서는 맥주와 함께 먹었다. 이 피크닉은 후에 미국의 제2차 세계대전 참전 결정에 큰 영향을 주었고, 영국 왕실이 미국의 민주주의를 인정하는 계기가 되었다. 이후 두 나라의 우정은 돈독해졌다. 루스벨트 대통령의 경제공황 극복과 세계대전 참전의 배경에는 뉴욕의 핫도그가 있었다.

"야구장의 핫도그는 리츠 호텔의 로스트비프보다 맛있다."
– 험프리 보가트

(왼쪽)　　시카고의 '골드 코스트 독(Gold Coast Dogs)' 내부. 인테리어 디자이너 조던 모저(Jordan Mozer)의 벽화.
(오른쪽)　프랑스 보르도(Bordeaux)의 패스트푸드점 간판 그래픽. 19세기 말 독일 이민자들에 의해
　　　　　미국에 소개된 핫도그는 싸고 간편하다는 이유로 전 세계 서민들의 대용식이 되었다.

대표적인 핫도그 가게인 로스엔젤레스의 '핑크(PINK)'.

11

Pomme Frites

폼 프리트와 프렌치프라이

우리가 쓰는 명칭 중에는 그 유래가 애매하거나 재미있는 것들이 많다. 이태리타월이나 터키탕이 대표적이다. 패스트푸드의 간판 메뉴인 프렌치프라이도 그중 하나다. 만화 캐릭터로 종종 등장하기도 하는데, 찰스 디킨스의 소설 『두 도시 이야기』에서는 '머뭇거리는 기름으로 튀겨낸 거친 감자 조각'이라고 표현되었다.

17세기 후반, 물고기를 주로 튀겨 먹던 벨기에의 작은 마을에서 겨울에 강이 얼어붙어 낚시가 어려워지자 감자를 튀기기 시작했다. 가만 두면 싹이 트고 상해서 돼지 먹이로 종종 주던 감자를 활용하기에 좋은 대안이었다.

프랑스와 원조 논란이 있기는 하지만 기원은 벨기에다. 미식 문화의 나라 프랑스는 워낙 화려한 음식이 많아 감자튀김에는 사실 별 관심이 없다. 반면 벨기에는 '프랑스는 재봉틀과 비키니를 발명했지만 우리는 감자튀김을 처음 만들어 먹었다'라며 원조 주장을 고수하고 있다. 그렇다면 왜 '프렌치' 프라이로 불리는 것일

까? 정식 명칭은 폼 프리트(Pomme Frites), 프랑스어로 '튀긴 사과'라는 뜻이다. 예로부터 유럽에서는 감자를 '흙에서 나오는 사과'라고 표현했다. 참고로 벨기에의 옆 나라인 네덜란드에도 감자는 '파타트(Patat)'라고 불린다.

제1차 세계대전에 참전했던 미군이 프랑스어를 쓰는 벨기에 병사들에게 감자튀김을 얻어먹었고, 전쟁 후 본국으로 돌아와서 그 맛을 그리워하게 되었다. 그렇게 감자튀김은 미국에 수입이 되었는데 프랑스어라서 다들 프랑스 음식이라고 생각했다. 그리고 발음하기 힘든 '폼 프리트'를 대신해 프렌치프라이로 불리게 된 것이다.

전통적인 '폼 프리트'는 냉동감자는 절대로 쓰지 않는다. 생감자만을 사용해 두 번 튀긴다. 겉은 바삭하고 속은 한없이 부드러우며 소박하지만 깊은 맛을 풍긴다. 케첩을 뿌려 먹는 미국식 프렌치프라이와 달리 식초나 마요네즈에 찍어 먹는다. 간혹 겨자를 치거나 생양파나 고추, 치즈 등의 토핑을 얹기도 한다. '폼 프리트'는 벨기에의 국민 음식이다. 브뤼헤(Brugge)에는 박물관이 있을 정도다. 팬데믹 때 벨기에 정부는 모든 식당을 닫으라고 했지만, 폼 프리트 상점은 영업을 허가했을 정도다. 전쟁이나 팬데믹 등 어려운 시기에도 김이 모락모락 나는 따뜻한 감자튀김은 작지만 확실한 위안이다.

(위) 벨기에 브뤼헤의 폼 프리트 가게.
(아래) 뉴욕의 폼 프리트 가게.

12

New York Bagel

뉴욕 베이글

어떤 음식의 이름 앞에는 도시 이름이 붙는다. 그곳에서 시작됐기 때문도 있고, 유독 맛있거나 스타일이 독특해서 그런 경우도 있다. 전주비빔밥이나 춘천닭갈비, 버펄로윙 등이 그 예다. 물론 요즘은 다른 도시, 다른 나라에서도 원조를 비슷하게 흉내 낸 음식을 맛볼 수 있다. 그럴 때는 어디 '스타일'이라고 하는 게 맞다.

가죽처럼 반짝이면서 통통하고 가운데 구멍이 난 빵, 베이글 앞에는 '뉴욕'이 붙는다. 베이글은 엠파이어스테이트 빌딩이나 브로드웨이만큼 뉴욕이라는 도시를 상징한다. 폴란드에 살던 유대인들이 19세기 이민 오면서 만들기 시작한 베이글은 비싸지 않은 가격에 고열량 음식이었으니 바쁜 뉴요커들에게 큰 인기를 끌었다. 1972년 헬머 토로(Helmer Toro)가 시작한 베이글집 'H&H'를 비롯해, 오스트리아에서 빵집을 운영하던 가족이었던 윌폰 부부(Florence and Gene Wilpon)가 1976년에 만든 '에싸 베이글(Ess-a-Bagel)', 컬럼비아대학교 근처의 '앱솔루트 베이

'에싸 베이글'. 1976년 오스트리아에서 빵집을 운영하던 윌폰 부부가 창업했다.
이 가게의 제빵사들은 한밤중에 출근해서 전날 숙성한 반죽으로 동그란 모양을 만든다.
오븐에 굽기 전에 물에 끓이는 독특한 공정을 거치는데, 이 과정이 글루텐을 강하게 만들어 특유의 쫄깃한 식감이 형성된다.

글(Absolute Bagels)' 등 동네마다 하나씩 있는 유명 가게들은 매일 수만 개의 베이글을 구워내고 있다.

베이글은 세계의 대도시 어디서나 맛볼 수 있으나 그 맛의 차이는 크다. 이유는 바로 뉴욕의 물 때문이다. 미네랄이 풍부하다고 알려진 뉴욕의 물은 무미(無味)가 아니고 유미(有味)다. 이 물은 와인으로 치면 테루아(Terroir, 토양의 특성)라고 할 수 있다.

뉴요커들이 베이글을 먹는 방법은 매우 까다롭고 구체적이다. 우선 공장제는 안되고 반드시 수제여야 한다. 전 뉴욕 시장이었던 드 블라지오(Bill de Blasio)가 베이글을 토스트 해서 먹고 트위터에 인증했다가 "역시 보스턴 출신이어서 제대로 먹을 줄 모른다."라는 비판을 듣고 게시글을 지운 적이 있다. 뉴요커들은 베이글을 토스트 해서 먹지 않는다. 오늘 새벽 오븐에서 구워나오니 다시 굽거나 데울 이유가 없다는 것이다. 그러기 위해서 제빵사들은 한밤중에 출근해 전날 숙성한 반죽으로 동그란 모양을 만든다. 오븐에 굽기 전에 물에 끓이는 독특한 공정이 글루텐을 강하게 만들어 특유의 쫄깃한 식감을 형성한다. 그래서 쫄깃한 맛을 좋아하는 우리나라 사람들에게 인기가 많다. 열량 과다를 걱정하는 뉴요커들은 종종 스쿠프 아웃(Scoop Out, 빵 안쪽을 파서 덜어내는 것)이나 슈미어(Schmear, 크림치즈를 아주 엷게 바르는 것)를 요구하기도 한다. 베이글은 하루에 수만 개나 소비되는 뉴욕의 대표 음식으로 뉴요커들은 나름의 방식으로 즐기며 그 방법을 유별나게 지켜간다.

참고로 20세기 초에는 유대인들이 '베이글 제빵노동조합'을 만들고 독점하다시피 했지만, 현재 이 일은 태국 이민자들과 남미 출신 이민자들이 똘똘 뭉쳐 카르텔을 이루고 있다. 베이글과 단짝 궁합인 '필라델피아 크림치즈' 역시 필라델피아가 아닌 뉴욕에서 탄생하였다.

가죽처럼 반짝이면서 통통하고 가운데 구멍이 난 베이글 앞에 '뉴욕'이 늘 붙는다.

13

Lampredotto

이탈리아의 서민 샌드위치

미디어에서 종종 소개되는 피렌체의 명물 샌드위치가 있다. 샐러리, 당근, 양파, 적포도주를 넣고 끓인 송아지 내장을 무염빵 사이에 끼워 먹는 '람프레도토(Lampredotto)'다. 피렌체 중앙시장(Mercato Centrale)에 있는 가게와 시내에 알려진 맛집들 몇 곳이 있다. 그중 가장 유명한 곳은 오라치오 낸시오니(Orazio Nencioni) 셰프가 운영하는 푸드트럭 '트리파이오 델 포르첼리노(Trippaio del Porcellino)'다. 과거 근처에 있었던 돼지 시장을 기념하기 위해 설치된 멧돼지 동상의 명칭인 포르첼리노(Porcellino)와 샌드위치의 주재료인 내장(Trippa)에서 그 상호를 따온 곳이다. 오랜 세월 '피렌체의 맛'으로 알려지며 각지에서 많은 손님이 찾고 있다.

이탈리아 본토보다 상대적으로 가난한 시칠리아섬에서는 값이 더 싼 부속 재료도 같이 섞어 쓴다. '파니카 메우자(Panicâ meusa)'라고 부르는데, 직역하면 '빵과 지라(비장)'라는 뜻이다. 양,

피렌체의 푸드트럭 '트리파이오 델 포르첼리노'.

곱창, 허파, 지라와 같은 송아지의 각종 부속에 허브를 넣어 삶고 참깨가 뿌려진 부드러운 빵 사이에 끼워 먹는, 대표적인 서민 음식이다. 부속 부위가 삶아지고 있는 냄비는 항상 천으로 덮여 있다. 손님은 냄비 안을 들여다보지 않는 것이 예의다. 그래서 주문할 때마다 어떤 부위가 얼마큼 섞일지 모른다. 맛의 조합이 매번 조금씩 다른 점이 재미있다. 주문하면 셰프가 물어본다.

"싱글(Schettu)이신가요? 아니면 기혼(Maritatu)?"

'싱글'은 그냥 먹는 걸 말하며, '기혼'은 치즈를 추가한 옵션이다. 이때의 치즈는 이탈리아 남부지방에서 먹는 카치오카발로(Caciocavallo)로 온갖 부속과 어울려 맛의 훌륭한 조화를 이룬다. 먹기 직전에 레몬을 살짝 뿌리는 게 파니카 메우자의 핵심이다. 레몬은 지라의 쓴 맛과 부속의 노릿한 향을 잡아준다. 피렌체와 시칠리아의 내장 샌드위치 맛 차이는 곱창전골과 돼지국밥 정도의 차이라고 생각하면 이해가 빠르다.

부속 고기를 이용한 요리는 여러 문화권에서 찾아볼 수 있다. 우리나라에서도 백정을 멸시했듯 이탈리아에서도 사람들을 무시할 때 내장을 다루는 직업을 언급하곤 했었다. 그럼에도 가난한 지방에서 시작된, 다채로운 요리법으로 만들어진 길거리 음식은 누구에게나 언제나 친근한 소울 푸드로 다가온다.

람프레도토.

틈없이 자란 녹색 풀의 초원,
포도밭을 가르며 구불거리는 시골길,
그리고 사이프러스 가로수 끝자락에
등장하는 농가는 이탈리아의 토스카나를
대표하는 풍경이다.

이탈리아 토스카나주 발도르차(Val d'Orcia).

14

Barbecue

미식의 재즈, 바비큐

바비큐는 재즈, 야구, 청바지와 함께 미국 문화를 대표한다. 그 기원은 아메리카 대륙의 원주민들이다. 유럽 탐험가들이 처음 아메리카 대륙에 상륙했을 때 나무 꼬챙이에 고기를 꽂아 구워 먹는 원주민들의 모습을 보고 배운 것이다. 미국의 바비큐는 주마다 조금씩 다르게 발달되어 왔다. 그중 '미국의 3대 바비큐'로 꼽히는 지역이 있다. 첫 번째는 텍사스주다. 소고기를 주로 먹는데 2천만 인구가 2천만 가지의 바비큐를 만든다고 한다. 반면 노스캐롤라이나주는 '바비큐는 반드시 통돼지로만, 그리고 장작을 태운 숯으로 구워야 한다'라고 주장한다. 돼지목장이 많아서 만들어진 전통이다. 그리고 마지막으로 '바비큐를 발명하지는 않았으나 완성했다'라고 자부하는 캔자스시티가 있다. 여기서는 모든 고기를 다 사용하는데, 과거 큰 도축 시장이 있었기 때문이다. 미주리주에서 자란 참나무(White Oak)를 쓰는 것이 원칙이다. 바비큐에 대한 이들 지역 주민의 자부심은 대단하다. 아침부터 바

(위)　캔자스시티의 어느 바비큐 레스토랑.

(아래)　텍사스주에 있는 '솔트 릭 바비큐(Salt Lick BBQ)'.

비큐를 해 먹는 사람들이 인구의 11퍼센트나 될 정도다. 재미있는 점은 이민자들의 고향에 따라 양념이 조금씩 다르다는 점이다. 영국 출신은 보통 토마토를, 독일이나 프랑스 이민자들은 겨자를 이용해서 양념을 만들어왔다. 이렇게 개발된 바비큐 소스의 산업 규모만도 연간 12조 원에 달한다.

바비큐는 일반적으로 통째로 구운 고기 요리를 뜻한다. 낮은 온도의 열을 오랜 시간 가하고, 훈연 효과를 줘서 천천히 완성한다. 반면 빠른 시간에 센불에 직접 굽는 것은 '그릴(Grill)'이라고 부른다. 그래서 직화구이는 엄격한 의미에서 바비큐가 아니라 그릴이다. 세계 어느 나라를 가든 고기를 불에 구워 먹지만, 진정한 바비큐를 완성한 나라는 미국이라고들 이야기한다. 벽돌이나 시멘트 블록으로 임시 화덕 만들기, 건설용 철근에 통돼지나 소를 꿰서 굽기, 땅을 파고 재료를 묻은 후 바나나 잎 덮기 등 바비큐 방법 역시 다양하고 기발하다. 미국에서는 독립기념일인 7월 4일부터 본격적인 바비큐 시즌이 시작된다. 전국에 걸쳐 수백 개의 바비큐 경연대회가 열린다. 전국의 바비큐 맛집만 찾아 여행하는 미국인도 꽤 많다.

미국 가정에서의 파티는 바비큐를 말하는 경우가 많다. 그만큼 보편적이다. 상대적으로 음식 역사가 짧고 덜 발달한 미국에서 바비큐는 간편하면서도 쉬운, 그리고 다양한 요리로 발전할 수 있는 요리다. 미국의 바비큐 문화는 1950년대 경제 호황기를 맞으면서 급속도로 확산되었다. 냉전 시대에는 자기 집을 소유하고 그 뒷마당에서 소고기를 구워 먹는 풍경이 공산주의와 대비되는 자본주의의 상징으로 표현되기도 했다.

미국 가정 내 바비큐 문화 정착에 기여한 두 제품이 있다. 바로 숯과 그릴이다. 1930년대 포드 자동차가 홍보 수단으로 교외로의 피크닉을 강조하면서 '포드 차콜'이라는 바비큐용 숯을 따로 제작해 판매했다. 후에 그 숯 제품을 담당하던 직원이 창업하면서 자신의 이름을 붙였다. 오늘날 미국 숯 시장의 80퍼센트를 장악한 '킹스포드(Kingsford)'다. 요즘은 장작이나 석탄 대신 친환경 바이오원료로 취급되는 펠릿(pellet)을 사용하는데 반응이 괜찮은 편이다. 다른 하나의 제품은 1951년 발명된 '웨버(Weber)그릴'이다. 사용하기 편한 데다 간결하고 귀여운 디자인으로 폭발적인 인기를 얻으며 많은 가정의 뒤뜰 한편에 자리 잡은 제품이다. 이는 디자인 역사에서 빠지지 않고 등장하는 간결하고 귀여운 모더니즘의 아이콘이기도 하다.

고기, 도구, 숯, 연기하면 떠오르는 단어인 바비큐는 전통적으로 남자가 만드는 음식으로 인식되어 왔다. 주말이나 휴일에 남편이 바비큐를 준비하면 아내는 식사 걱정을 덜었다. 바비큐가 약간의 가사 분담 역할도 해 준 것이다. 오바마 대통령 재임 시절,

백악관의 독립기념일 바비큐 파티에 초청되었던 스타 셰프 바비 플레이(Bobby Flay)는 오바마 대통령과 함께 고기를 구우며 이렇게 말했다.

"미국에는 두 종류의 남자가 있습니다. 고기를 잘 굽는 남자,
그리고 고기를 잘 굽는 남자."

남자들이 특히 좋아하는 타오르는 불길과 고기의 지글거림을 지그시 바라보는 잠깐의 여유는 결코 지겹지 않은 기쁨이다. 미국인들이 '미식의 재즈'라고 불리는 바비큐에 유독 열광하는 몇 가지 이유가 있다. 핵심은 자연과 교감하는 아웃도어 정신, 그리고 가족과 지인들이 어울리는 인간적인 정서다.

"미국인들은 마당에 눈만 녹으면 바비큐를 준비한다."라는 표현이 있다. 여름이 시작되는 5월 말의 현충일(Memorial Day), 어머니날, 아버지날, 독립기념일, 그리고 여름이 끝나는 9월 첫 주의 노동절(Labor Day)은 연중 바비큐를 가장 많이 하는 닷새다. 노동절에는 특히 여름방학을 마치고 대학교 기숙사로 돌아가는 자식을 위해 부모가 여름철 마지막으로 바비큐를 준비하는 때다.

15

Kentucky Fried Chicken

켄터키 프라이드 치킨 페스티벌

'켄터키 프라이드 치킨(Kentucky Fried Chicken)'. 튀김 요리라고 하면 가장 먼저 떠오르는 음식이자 세계인이 좋아하는 브랜드다. 1990년대까지 우리나라에서는 프라이드 치킨 앞에는 의례적으로 '켄터키'라는 말이 붙었다. 1980년대 중반 '웬디스(Wendy's)'가 우리나라에 상륙했을 때 '웬캔켄'이라는 속어가 유행한 적 있다. '웬디스에서 캔 맥주와, 켄터키 프라이드 치킨을'의 약자였다. 요즘은 그냥 '치킨'이라고 부르는데, 영어로 '닭'이라는 뜻의 치킨이 우리나라에서는 프라이드 치킨을 의미하는 점은 흥미롭다. 전통 닭요리가 아니라 수입된 음식이어서 그리된 듯하다.

경제공황 시기였던 1930년, 창업자 샌더스(Harland Sanders)는 켄터키주의 시골 마을 코빈(Corbin)에서 압력솥에 닭을 튀겨 팔기 시작했다. 입소문이 나면서 운전자들이 즐겨 찾았고, 1939년 11가지의 허브와 양념을 조합한 레시피가 개발되면서 오늘날 켄터키 프라이드 치킨의 전설이 시작되었다. 현재 145개국에 2

만4천여 개의 매장을 거느린, 맥도날드 다음으로 규모가 큰 외식 브랜드이다.

샌더스는 1936년 주 정부로부터 '대령(Colonel)'이라는 명예 공로 훈장을 받은 이후부터 줄곧 '샌더스 대령'이라는 이름을 사용했다. 매해 9월 마지막 주말, 코빈 마을에서는 '세계 치킨 페스티벌(World Chicken Festival)'이 열린다. 1990년부터 시작한 이 행사에 매년 10만 명의 방문객이 찾아온다. 박물관으로 바뀐 '샌더스 카페(Sander's Cafe)'를 둘러보고, 기네스북에 등재된 세계에서 가장 큰 무쇠솥에서 튀긴 치킨을 나누어 먹는다. '치맥 파티'의 원조다. 동네 노인들은 늘 흰색 수트를 입었던 샌더스처럼 분장한 다음 "내가 원조다!"라고 소리친다.

샌더스 대령과 관련된 재미있는 일화가 하나 있다. 웬디스를 창업한 데이브 토마스(Dave Thomas)는 원래 켄터키 프라이드 치킨의 직원이었는데, 버거 메뉴를 주력으로 한 브랜드를 만들었다. 로버트 저메키스(Robert Zemeckis) 감독의 영화 '포레스트 검프(Forrest Gump)'에서 새우를 고집하는 포레스트와 다른 아이템을 추천하는 대령과의 대화가 이 이야기를 은유한 장면이다.

켄터키 프라이드 치킨은 1991년 상호를 'KFC'로 변경했다. '튀김(Fried)'이라는 단어가 주는 부정적인 인식 때문이었다. 하지만 오래전부터 전국의 단골손님들은 이곳을 이미 'KFC'라는 약칭으로 부르고 있었다. 요즘 일부 매장이 다시 옛 이름으로 간판을 바꾸는 작업을 하고 있다. 일종의 레트로 마케팅이다.

"KFC와 치킨의 관계는 MTV와 음악의 관계다."라는 말이 있듯이 더 맛있는 치킨은 세상에 많지만, 세계 치킨의 기준은 아직도 켄터키 프라이드 치킨이다. 치킨의 대명사이자 가치 기준이 된 것이다. 미국의 웬만한 시골 마을에서도 치킨 한 바스켓과 맥주 6캔만 있으면 도시의 어느 정찬 코스요리가 부럽지 않다.

프라이드 치킨.

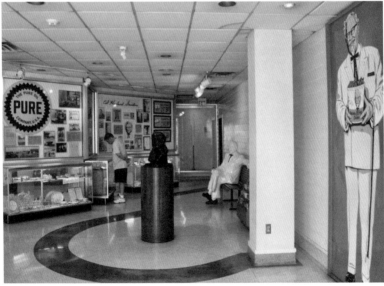

켄터키주 코빈 마을의 '샌더스 카페'.
켄터키 치킨의 전설이 시작된 곳이다.

코빈에서 열린 '세계 치킨 페스티벌'의 한 장면.

16

Heinz Ketchup

하인즈 케첩

1876년 생산되기 시작한, 미국 슈퍼마켓의 선반 하나를 가득 메우며 진열되는 병. 세계적으로 유명한 하인즈(Heinz) 케첩이다. 웬만한 가정집 부엌에 다 있고, 유럽 케첩 시장의 80퍼센트, 미국은 60퍼센트나 장악한, 1년에 6억 5천만 병이 팔린다는 초유의 베스트셀러다. 미국 영화에서 식당 테이블 위에 하인즈 케첩이 소금, 후추, 겨자와 나란히 놓인 광경은 우리에게 꽤 친숙하다.

일반인들이 케첩을 생각할 때 떠오르는 건 하인즈 브랜드의 특이한 팔각형 병이다. 초창기에는 병 속 내용물이 잘 흘러나오지 않아 소비자 불만이 많았고 이를 해결하기 위한 연구가 꾸준히 진행되었다. 그러면서 내용물을 쉽게 쏟기 위해 라벨을 거꾸로 붙여 세워놓거나, 최적의 각도를 제안하면서 사선으로 붙인 라벨 등 그 패키지 디자인이 조금씩 변화해 왔다. 병에 새겨진 '57'은 하인즈 회사가 다양한 종류의 피클을 생산한다는 걸 상징하는 숫자다. 미국에서는 잡종견 등 무언가가 많이 섞인 것을 표현할 때 이 단어가 쓰인다. 몇 년 전부터는 신선함을 강조하기 위해 백 년 이상 사용된 피클이 그려진 라벨 그림을 줄기에 매달린 토마토 그림으로 대체했다.

미시간주 디어본(Dearborn) 인근에는 의미가 남다른 마을인 '그린필드 빌리지(Greenfield Village)'가 있다. 포드사의 후원으로 만들어진 곳으로, 발명과 벤처를 선도한 사람들의 생가를 미국 전역에서 옮겨와 꾸민 곳이다. 여기에는 하인즈의 창업자 헨리 하인즈(Henry J. Heinz)가 150년 전 직접 야채를 기르며 연구하던 주택과 정원도 있다. 한 사람의 아이디어가 히트상품이 되

뉴욕의 '화이트호스 태번(White Horse Tavern)'.
시인 딜런 토마스(Dylan Thomas)의 단골 음식점이었던
레스토랑으로, 테이블 위에 하인즈 케첩이 놓여 있다.

고 하나의 문화로 자리 잡는 스토리는 언제나 흥미롭다. 이런 정신을 존중해서 뉴욕 요리학교 CIA(Culinary Institute of America)의 텃밭은 '하인즈 정원(Heinz Plaza)'으로 불린다.

빵 사이에 햄과 같은 간단한 가공육을 끼워 먹던 미국 노동자들에게 케첩은 고기의 잡내를 줄이고 풍미를 돋우는 데에 꼭 필요한 양념이었다. 거기다 19세기 말에 탄생한 햄버거는 케첩 수요를 폭발적으로 늘어나게 했다. 여름은 토마토가 무럭무럭 자라는 계절이자 미국 많은 마을에서 야외 페스티벌이 열리는 시기다. 행사 음식으로 제일 보편적인 햄버거와 핫도그, 감자튀김의 영원한 단짝인 케첩도 그 수요가 급등한다. 근래 멕시코의 살사(Salsa)나 태국의 시라차(Sriracha) 등 여타 빨간 소스의 도전에도 하인즈 케첩은 여전히 그 위상을 이어간다.

프랑스인들은 입버릇처럼 미국의 음식문화를 무시한다.

"종교가 수십 개, 비영리단체는 수천 개나 되면서 소스는 케첩 하나밖에 없다."

미국인들은 이에 아랑곳하지 않고 답한다.

"감자튀김에 하인즈 케첩을 뿌릴 때면 내 심장이 두근거린다."

그린필드 빌리지.
포드사가 조성한 마을로, 하인즈 케첩의 역사가 시작된 집과 정원을 옮겨 놓았다.

17

Lazy Susan

중국집 원형 테이블의 의미

중국집에서 흔히 보이는 회전 테이블은 영어로 '게으른 수잔 (Lazy Susan)'이라고 불린다. 이 가구의 기원은 다소 불분명하다. 가장 오래된 기록은 14세기에 나오는데 중국의 인쇄소에서 활자 작업의 효율을 위해 사용했다는 것이다. 목재, 유리, 금속 등의 재료와 다양한 디자인으로 만들어졌으며, 중국에서 보편적으로 사용되었지만 식사용으로는 서양에서 처음 개발되었다고 한다. 18세기 영국에서 '수잔'이라는 이름의 하녀가 손님마다 일일이 서빙하기 싫어서 꾀를 내어 고안했다는 설, 토머스 제퍼슨 대통령이 음식이 마지막에 제공된다고 불평하던 막내딸을 위해 만들었다는 이야기도 있다. 이 모두 입증되지는 않았지만, 식사용으로 회전 테이블이 쓰인 기록은 틈틈이 찾아볼 수 있다. 20세기 초 러시아의 회화, 1903년 '보스턴 저널', 1917년 '베니티 페어(Vanity Fair)' 잡지에도 '게으른 수잔'이라는 명칭이 등장한다. 1933년에는 웹스터 사전에 공식으로 등록되었고, 스미스소니언에는 나름 정리된 기록이 있다.

오늘날처럼 사용이 보편화된 것은 오래되지 않았다. 1950년 대 샌프란시스코 차이나타운을 중심으로 중국 음식이 유행하면 서 '게으른 수잔'도 미국 전역으로 퍼진 것이다. 우연히도 1950 년대 미국의 여자아이 이름으로 '수잔'이 꽤 유행한 바 있다.

이 회전 테이블은 중국집에서 흔하게 보이기 때문에 고급으로 인식되지 않지만 사실 사용 편이성이 매우 높은 발명품이다. 멀 리 있는 음식을 향해 손을 뻗거나 다른 사람에게 부탁하지 않고 가져올 수 있으니 직원의 손을 덜어 주는 장점도 있다. 특히 체면 을 차리는 것이 중요해서 다양한 음식을 넉넉하게 시켜 골고루 먹는 중국인의 식사 예절과도 잘 맞아떨어진다.

재미있는 사실은 이 회전 테이블이 '관시(關係)'와 관련이 깊 다는 점이다. 관시는 개인적 차원을 넘어서는, 사회적 연계를 나 타내는 중국의 가치관이자 문화다. 우리는 간혹 나의 소개로 알 게 된 타인들끼리 더 친한 사이가 되는 경험을 한다. 이런 일이 생 기면 기분이 복잡하다. 치과의사나 변호사, 요가 강사를 소개할 때는 괜찮지만 친구라면 이야기가 다르다. 관시를 중요시하는 중 국인들에게는 잘 일어나지 않는 일이다. 지인 소개로 친구를 알 게 되면 그 친구를 만날 때 소개해 준 지인도 같이 만나는 것이 예 의다. 계속되는 소개로 지인의 지인까지 포함되므로 테이블은 점점 커진다. 사람이 많을수록 음식 메뉴도 많아지므로 서로가 다양한 음식을 맛볼 수 있는 장점도 있다. 그래서 중국집의 회전 테이블은 적게는 다섯 명부터 많게는 수십 명까지 이용할 수 있을 정도로 크기가 다양하다. 그리고 그 한가운데 늘 '게으른 수잔' 있어 관시를 상징하는 아이콘으로 기능한다.

"인정(人情)을 빚졌다."라는 중국인들의 표현에서 느낄 수 있듯 접대를 잘하는 것, 지인을 초청해서 신뢰를 보여 주는 것, 그리고 여럿이 어울리며 즐거운 식사를 하는 것은 관시의 기본이다.

중국음식점의 한가운데는 늘 게으른 수잔이 있다.
관시를 상징하는 아이콘으로 기능한다.

18

Whisky

계곡의 창조물, 위스키

위스키는 '생명의 물'을 뜻하는 켈트어 '위스게비타(Uisgebea-tha)'가 어원이다. 십자군 원정 과정에서 동방의 증류 기술이 아일랜드와 스코틀랜드로 전해졌다. 1707년 스코틀랜드가 영국에 병합된 후에는 위스키 제조업자들이 북부의 하이랜드(High-land) 산속에 숨어 달빛 아래에서 위스키를 몰래 양조했다. 그래서 '문샤인(Moonshine)'이라고 불린다. 이런 오랜 역사를 통해 스코틀랜드는 최고급 위스키 생산지로 자리 잡았다.

수백 년이 지난 오늘날에도 커다란 산과 작은 폭포, 계곡으로 어우러진 스코틀랜드의 자연경관은 변하지 않았다. 위스키 재료는 들판의 보리와 깨끗하고 부드러운 천연수, 이스트가 전부다. 우리에게 친숙한 스카치 상표명에 붙는 '글렌(Glen-)'은 '계곡' 이라는 뜻이다. 실제로 많은 양조장이 글렌을 끼고 있다. 글렌의 물과 바람이 조화를 이루며 무언가 다른 맛을 만들어 낸다. 피트(peat)가 녹아들어 엷은 갈색을 띠는 물은 글렌마다 그 맛이 조금

블레어 아톨(Blair Athol) 양조장의 글렌.

씩 다르다. 피트는 석탄화 되지 못하고 땅속에 축적된 분해유기
물을 뜻한다. 스코틀랜드에서는 위스키의 재료인 맥아보리를 건
조할 때 이 피트를 말려 태우기 때문에 특유의 훈제향이 난다. 이
렇게 만들어진 120여 종의 싱글몰트는 그 많은 종류만큼 맛과
향, 독특한 무게감과 목 넘김이 각각 다르다. 물론 오크통마다, 병
마다도 맛이 조금씩 다르다. 제각각이니 그 차이점을 모두 알 수
는 없다. 그저 맛있는 위스키를 많이 마시면 된다.

　위스키를 즐기는 가장 사치스러운 방법은 스코틀랜드의 자연
속에서 그 경관을 음미하며 마시는 것이다. 스코틀랜드인들은 음
식은 경제공황 때처럼 먹지만 위스키만큼은 진지하게 마신다. 궂
은 날씨를 그대로 받아들이며 사는 스코틀랜드 사람들의 생활에
위스키는 최적의 동반자요, 삶의 방식이자 그림이다. 식사와 곁

맥캘란(The Macallan) 양조장.

들이기도 하고, 나른한 오후에는 스콘을 구워 티 타임에 마시기
도 한다.

　'위스키로 고칠 수 없다면 치료약은 없다'라는 속담처럼 쌀쌀
한 늦가을 산책 후 따뜻한 벽난로 앞에서 마시는 위스키 한 잔은
그야말로 생명의 물이다. 하지만 백미는 아침에 마시는 위스키
다. 현지의 '위스키 덕후'들은 아침의 공복에 신중하게 시음하거
나 따뜻한 오트밀에 부어 먹는 걸 즐긴다. 이곳에서 10년이나 12
년산은 '아침 위스키(Breakfast Whisky)'라고 부른다.

　"작가들은 위스키를 빈 종이에 부어 문학작품을 만든다."라는
표현이 있을 정도로 많은 예술가가 위스키를 사랑했고 명언을 남
겼다. 무라카미 하루키는 저서 『위스키 성지여행』에서 "위스키
는 아름다운 여인과 같이 흠모해야 한다. 먼저 응시하고 다음에

마신다."라고 기술했다. 이런 문장을 남긴 작가들도 있다.

"위스키가 잔에 떨어지는 경쾌한 소리는 누구에게나 합의된
간주곡이다."

"지난 생일날 뭘 했냐고 묻는다면… 잠에서 깨 아침을 먹고,
산책 후 펍에 들러 굴 안주에 맥주를 마시고, 다시 산책하고
저녁때 펍에 들러서 위스키를 마시고 잠자리에 들었다. 다시
말하자면… '천국'이었다."

전통이 과학과 만나는 위스키 제조에는 물리학, 금속학, 화학 지
식이 필요하다. 하지만 위스키는 과학이 아니라 마술이라고 한
다. 누구도 똑같이 만들지 않기 때문이다. 아마도 자연이 개입하
는 부분일 것이다. 스코틀랜드 양조장의 직원 대부분은 수십 년
을 일하면서 일평생을 위스키와 함께한다. 자식들도 그 일을 물
려받는다. 전문 지식에 대한 자부심도 물론 대단하다. 그러면서
황금빛 보리밭을 바탕으로 '위스키'라는 시(詩)를 쓴다. 스코틀
랜드에는 "브라운색의 음료 맛을 아는 것은 50세가 넘어서다."
라는 표현이 있다. 위스키가 중후함과 경륜을 상징하는 표현이자
인생 여정 그 자체이기 때문이다.

"뭐든 지나치면 나쁘지만, 위스키는 지나쳐도 좋다."

– 마크 트웨인

발블레어(Balblair) 양조장.

19

Chili

미국 중서부에서만 맛볼 수 있는 그 칠리

1999년 봄, 미국 오하이오주 옥스퍼드에 있는 마이애미대학교에 교수 채용 면접을 보러 갔다. 공항에 마중을 나왔던 동료 교수는 나를 학교 호텔에 내려주기 전, 허기지지 않은지 물으면서 대학가에 있는 음식점으로 안내했다. '스카이라인 칠리(Skyline Chili)'라는 곳이었다. 추천을 받고 주문하자 1분도 채 되지 않아 음식이 나왔다. 마치 미국 대학교 카페테리아에서 볼 법한 패스트푸드처럼 보였다. 장시간 비행 후에 먹어서 그런지 무척 맛있었다.

'신시내티 칠리(Cincinnati Chili)'라고 불리는 이 음식은 1920년대 미국으로 이민 온 그리스 사람들에 의해 개발되었다. 삶은 스파게티 면을 접시에 담고, 간 소고기와 지중해식 향신료를 더한 칠리소스를 부은 후, 채 썬 체더치즈를 듬뿍 얹어 완성한다. 취향에 따라 다진 양파나 삶은 콩을 넣어 먹기도 한다. '미국에서 가장 모순적인 파스타'라는 표현도 있지만, 싫어할 수 없는 재료의 조합이 만들어 낸 맛과 저렴한 가격으로 인기가 높다. 2013년 스미스소니언에서 '미국의 20개 아이콘 음식'으로 소개할 만큼 이제는 독특한 지역 음식으로 인정받고 있다. 이탈리아의 면발, 지중해의 향신료, 멕시코의 칠리 그리고 미국 치즈. 상상하기 힘든 이 조합이 전혀 접점 없는 엉뚱한 곳에서 잘 버무려진 사례다.

오늘날 신시내티 주변에만 250여 곳의 칠리 전문점이 있다. 이곳 사람들은 1년 평균 90만 칼로리의 칠리와 40만 킬로그램의 치즈 토핑을 먹는다. 중독성도 엄청나다. 보기 드물게 미국에서 햄버거보다 다른 음식이 더 많이 팔리는 도시라는 통계가 이를 증명한다. 유명한 집들로는 우선 그리스 이민자 니콜라스(Nicholas Lambrinides)가 창업한 '스카이라인 칠리'가 있다. 신시내티의 스카이라인을 보고 감명받아 가게 이름을 정했다고 한다. 물론 시카고나 뉴욕을 먼저 보았다면 신시내티의 도시 풍경이 보잘것없다라고 깨달았을 수 있지만, 그리스에서 온 사람에게는 꽤 근사했다. 1949년 10월 8일에 개업해 벌써 75년이 되었다. 체인이 아닌 단일 칠리 전문점으로는 2000년 제임스 비어드 어워드를 받은 '캠프 워싱턴(Camp Washington) 칠리'가 가장 유명하다. 또 다른 브랜드는 '골드 스타(Gold Star) 칠리'로 요르단 이민자들이 만든 곳이다. 여기는 1985년에는 중동지역으로도 역수출되어서 오늘날 카타르, 터키, 이란, 이라크에서 인기리에 성업 중이다.

2000년, TV에서 MLB 야구선수 켄 그리피 주니어(Ken Griffey Jr.)가 신시내티 레즈(Reds)로 입단하는 뉴스를 우연히 보게 되었다. 레즈에서 오랜 선수 생활을 한 아버지 켄 그리피 시니어를 따라다니며 어린 시절 클럽하우스에서 자주 놀았던 그는 인터뷰에서 "신시내티의 칠리를 많이 그리워했다."라고 했다. 오늘날 신시내티를 연고로 하는 미식축구팀 뱅골스(Bengals)와 야구팀 레즈의 '공식 칠리'이기도 하다.

내가 오하이오주에 살던 시절, 한국에서 온 손님들에게 매번 이 음식을 소개했다. 예외 없이 모두 맛있다고 감탄했다. 재료 관리 등을 이유로 신시내티를 중심으로 일정 거리 내에서만 점포를 운영하는 방침 때문에 다른 지역에는 잘 알려지지 않았다. 2022년 워싱턴포스트가 '전국을 무대로 삼아야 하는 지역 음식'이라고 언급한 만큼 한국에 들어오는 것도 좋겠지만, 한동안 덜 알려진 채 미국 중서부의 시골 맛집으로 숨어 있는 것도 괜찮을 듯하다.

'스카이라인 칠리'. 1949년 첫 영업을 개시한 신시내티의 대표 칠리 가게다.

CHILI

Camp Washington *since 1940*

How to build a
5 WAY

cheese

onions

chili

Chili, plain	$ 4.80
Chili, beans	$ 5.00
Chili, spaghetti	$ 5.15
3 way	$ 6.30
chili, spaghetti, cheese	
4 way	$ 6.50
chili, spaghetti, onions, cheese	
4 way, bean	$ 6.50
chili, spaghetti, beans, cheese	
5 way	$ 6.65
chili, spaghetti, onions, beans, cheese	
Larger portions add	$ 1.95

spaghetti

beans

Make it your way!
All natural ingredients
made fresh daily

(위) '캠프 워싱턴 칠리'의 메뉴판. 취향에 따라 다진 양파나
삶은 콩을 추가해 먹을 수 있다고 써 있다.

(아래) 신시내티 칠리. 삶은 스파게티 국수를 접시에 담고
간 소고기와 지중해식 향신료가 첨가된 칠리소스를
부은 후 채 친 체더치즈를 듬뿍 얹어 완성한다.

20

Air Sushi & Ssam

맛의 비밀은 공기

우리나라 사람들은 쌈을 좋아한다. 고깃집, 횟집에서도 보통 쌈 채소가 제공된다. 쌈의 종류도 각종 잎채소는 물론 다시다, 김 등 해조류와 김치, 쌀·밀전병까지 다양하다. 쌈을 맛있게 먹는 요령 중에 잎채소를 뒤집어서 싸는 방법이 있다. 뒷면에 밥을 얹으면 부드러운 앞면이 혀에 먼저 닿기 때문이라는 설명이다. 하지만 실제 이유는 다른 데에 있다. 쌈 채소의 뒷면은 앞면보다 거칠고 울퉁불퉁하다. 그래서 밥을 얹으면 잎 표면과의 사이에 틈이 더 생기고 공기가 들어간다. 그 상태에서 쌈을 씹으면 채소가 찢어지면서 밥알이 불규칙하게 입안을 떠돈다. 공기와의 접촉이 쌈의 맛을 최대한으로 끌어올린다. 밥에 김을 싸 먹을 때 밥과 김 사이에 공간을 크게 만들면 더 맛있게 느끼는 것도 같은 이치다.

이 원리는 사실 여러 음식에 적용되어 왔다. 1990년대 출간된 일본의 인기 요리 만화『미스터 초밥왕(將太の寿司)』에 소개된 '공기 초밥'이 대표적이다. 초밥을 쥐는 몇 초의 순간에 손가락으

로 밥알 사이에 공기를 주입하여 입안에서 밥알이 흩어지게 만드는 손기술이다. 서양 음식에서도 공기를 이용하여 음식 맛을 업그레이드한 예들이 많다. 샌드위치를 만들 때 햄, 치즈, 상추를 포개지 않고, 하나하나 둥글게 구부려 접고 쌓으면 맛이 훨씬 좋다.

유럽에서 가장 간편한 음식으로 꼽히는 프렌치프라이는 일반적으로는 가늘고 기다란 사각형 모양의 감자를 튀겨낸다. 이걸 기왓장 모양으로 잘라서 튀기면, 이빨로 베어 물 때 기왓장이 부서지면서 공기와 얇은 감자 조각들이 입안을 떠다니게 되어 풍미가 더욱 진해진다. 프렌치프라이를 파스타 종류인 라비올리 모양으로 튀기는 방법도 있다. 감자를 얇게 잘라 만두피처럼 붙이되, 속에는 아무것도 넣지 않고 비워두는 것이다. 입안에 한가득 넣고 씹는 순간, 감자껍질에 갇혀 있던 따뜻한 공기가 터져 나오며 풍미를 증폭시킨다.

값비싼 식재료를 쓴다고 음식 수준이 높아지는 건 아니다. 공기를 활용해 보자. 쌈이나 샌드위치, 초밥을 먹을 때는 음식을 천천히 씹으며 공기와 재료의 조화로움을 즐겨보자. 비결은 겹겹이 쌓인 내용물이 아니라 그 사이를 채운 공기다. 특별한 레시피는 아주 가까운 곳에 있다. 우리가 당연히 여기는 공기는 요리에서도 특별하고 소중한 요소다. 물론 예민한 감각과 숙련이 필요한 과정이다. 하지만 무언가 겹겹이 쌓여있을 때면 늘 마술이 일어난다.

(위) 뉴욕 '구루마스시'의 공기 초밥.
(아래) 뉴욕 '프레임' 카페의 샌드위치.

소중한 것은 환대하는 마음

전 세계에 미식 열풍이 불기 시작한 지 벌써 수십 년이다. 1980년대 프랑스의 누벨 퀴진(Nouvelle Cuisine), 1990년대 스페인의 분자 요리(Molecular Gastronomy), 그리고 21세기 초반의 노르딕 음식(Nordic Cuisine)은 혁명이었고, 외식 역사에 나름의 족적을 남겼다. 현재 세계 음식의 트렌드는 이 세 가지 장르를 조합하거나 재해석한 것이다. 오늘날 '미슐랭 가이드(Michelin Guide)'나 '월드 50 베스트 레스토랑(The World's 50 Best Restaurants)' 리스트를 보고 무작위로 음식 사진 한 장을 고르고 어느 나라, 어느 레스토랑의 메뉴인지 구분하는 것은 불가능하다. 다들 비슷한 식자재를 사용하고, 조리 방법이나 플레이팅(plating)도 서로가 서로를 모방하기 때문이다. 서울의 고급 레스토랑을 예로 들면, 재료 차이 조금을 제외하고는 한식당과 프렌치 레스토랑의 구분도 무의미할 정도다.

정부 차원에서 한동안 '한식 세계화'를 대대적으로 홍보한 적이 있었다. 각종 행사에 외국인을 초대해 한식을 먹이면서 "원더풀!" 반응을 기대하고 캠페인의 성공을 꿈꾸었다. 하지만 불편한 진실이 있었다. 누군가가 불러주고 공짜 음식을 주면 다 좋아한다. 행사에 참석한 외국인 대부분은 한식이 맛있다고 했다. 하지만 그들은 평소에 자기 돈을 내고 정기적으로 한식당을 찾지 않는다. 한 달에 몇 번씩 이탈리안 레스토랑이나 일식당을 가는 것과 비교된다.

음식의 세계화는 정부 홍보와 행사를 통해 할 수 없다. 레스토랑을 통해서만 가능하다. 레스토랑 주인과 셰프가 마음을 모아 성공적인 한식당을 만들고, 그 숫자와 스펙트럼이 넓어져야만 한식이 다음 단계로 나아갈 수 있는 것이다. 다행히 근래에는 세계 곳곳에 훌륭한 한식당이 많이 생겼고 그 위상도 높아지고 있다.

그렇다면 레스토랑에 대해 생각해 볼 필요가 있다. 사람들이 레스토랑을 찾는 이유는 다양하다. 음식 맛 혹은 인테리어나 특별한 서비스에 끌려서거나 미디어, 지인의 추천 등등. 하지만 사람들이 같은 레스토랑을 또다시 방문하는 이유는 오로지 음식 그리고 좋은 경험 때문이다. 레스토랑은 단지 맛있는 음식을 제공하는 곳이 아니다. 음식을 통해 환대를 베풀고 '접객'을 하는 곳이다. 그래서 성공 요인에 서비스 비중이 크다. 음식이나 인테리어에 대해 잘 모르는 고객도 서비스 수준은 금방 알아차린다. 접객은 감정적인 부분과 얽히기 때문에 불친절을 경험한 손님은 다시 돌아오지 않는다.

우리의 현실은 어떠한가? 지난 10여 년간 한국의 외식산업은 눈부신 발전을 해왔다. 각 나라의 음식을 취급하는 다양한 형태의 레스토랑들도 많이 생겼다. 그런데 이 발전의 대부분은 음식

맛에 치중되어 있다. 감탄스러울 만큼 공을 들인 음식의 레시피는 많고, 플레이팅과 같은 음식 연출 방식도 큰 도약을 했다. TV 프로그램이나 유튜브의 내용도 온통 '맛'에 관한 이야기다. 레스토랑이라는 공간과 그 경험에 관한 내용은 극히 제한되어 있다. 그렇게 한 방향으로 달리다 보니 불균형이 생겼다. 좋은 서비스가 병행하지 못한다는 점이다. 물이 셀프인 것을 필두로, 테이블 옆 서랍을 빼서 손님 스스로 수저와 냅킨을 세팅하는 것이 정형화된 시스템이 그것이다.

그건 그렇다고 치자. 문제는 직원이 손님 테이블을 보지 않는 것이다. 손님이 맛있게 먹는지, 필요한 게 없는지, 즐겁게 시간을 보내는지에 관심이 없다. 직원은 주방에서 테이블까지 음식만 나른다. 어떨 때는 음식을 들고 와서는 가만히 서 있다. 손님이 테이블의 다른 접시들을 직접 옮기고 직원이 그릇 놓을 공간을 만들어 주기를 기다린다. 필요할 때 직원을 부를 수 있는 호출 벨은 우리나라 특유의 '빨리빨리' 문화와 딱 맞아떨어진다. 웨이터가 테이블로 오기를 기다려야 하는 외국의 레스토랑에 비하면 기발하다. 하지만 그 결과, 벨을 누르지 않으면 아예 직원이 오지 않는다. 그리고 호출하면 "뭐가 필요하냐?"라고 물으며 귀찮아하는 반응을 보이기도 한다. 혹시라도 이런 서비스를 지적하면 얼굴색이 변하고, 종종 불쾌함을 드러낸다. 친절하고 웃는 얼굴로 상냥하게 손님을 챙기는 풍경은 실종된 지 오래다. 모르는 사이 우리나라 레스토랑의 서비스 수준은 바닥을 치고 있다. 이런 문화에서는 외식문화의 발전에 명백한 한계가 있다.

해외 사례를 잠시 살펴보자. 맛은 훌륭하나 접객이 형편없는 대표적인 경우는 중식당들이다. 다양한 식재료와 오랜 역사, 산해진미를 자랑하는 맛에도 불구하고 '친절한 서비스'라는 개념이 없기에 세계 최고의 반열에 들지 못한다.

반면 영국은 궂은 날씨와 척박한 토지에서 나오는 식재료로 음식이 맛없기로 유명하다. 하지만 이런 조건 속에서도 일찌감치 테이블 매너를 갖추며 레스토랑에서의 고객 경험을 최고 수준으로 끌어올렸다. 오늘날 외식산업의 수도 중 하나가 런던인 것은 그 이면에 깔린 빈틈없는 서비스 덕분이다. 세계 레스토랑 산업의 선두를 달리는 프랑스와 일본이 이탈리아와 중국을 제치고 외식의 최고봉을 정복할 수 있었던 이유 역시 음식의 맛뿐만은 아니다. 홀의 접객도 주방의 요리와 마찬가지로 기술이라고 인식하는 프렌치 레스토랑들의 경우, 손님들이 좋은 시간을 보내는지, 필요한 것이 없는지 웨이터가 매 순간 살피고 챙긴다. 유서 깊은 레스토랑들에서는 아직도 웨이터들이 자신이 담당하는 테이블을 자식, 손자에게 대대로 물려주는 전통이 있다. 자신이 근무하

스페인 마드리드의 어느 레스토랑.
오너 셰프가 일일이 테이블을 찾아다니며 인사한다.

는 레스토랑과 접객하는 테이블에 대한 긍지, 수십 년 넘게 쌓인 고객과의 관계가 만들어낸 부러운 현상이다.

자부심, 독창성, 그리고 장인 정신이 합쳐진 개념으로 일본인들이 즐겨 쓰는 '고다와리(こだわり)'라는 단어가 있다. 일본의 외식산업 종사자들이 마음 깊은 곳에 늘 새기고 있는 정신이다. 그와 동시에 중요시하는 정신이 '기쿠바리(きぐばり)'다. 손님에 대한 섬세하고 지극한 배려를 뜻하는 단어다. 이 두 단어가 오늘날 일본의 음식을 유네스코 문화유산에 등재시키고, 그 산업을 세계적 수준으로 끌어올린 바탕이다.

이제는 레스토랑들이 음식의 맛에 집중하는 것만큼 서비스에 대한 노력도 생각해야 할 때다. 이는 단지 고급 레스토랑에만 해당하지 않는다. 모두 그렇게 하기는 어렵더라도, 최소한 환대의 마음을 품고 손님을 대하는 것은 누구든 할 수 있다. 비싼 임대료나 최저임금 상승은 우리나라만의 문제가 아니다. 그 비용은 미식 문화 선진국들에서 훨씬 높다. 직원 중 한 사람만 또는 주인만이라도 테이블을 지켜보면서 손님이 필요한 서비스를 바로 제공해야 한다. 그리고 손님도 인건비가 추가되는 만큼 상승하는 음식값을 더 지불할 마음을 가져야 한다. 더 맛있는 음식에는 좀 더 비싼 값을 내듯, 더 좋은 서비스에는 조금 더 비용을 지불할 수 있는 사고도 중요하다. 향상된 서비스는 맛있는 요리 못지않은 큰 부가가치가 된다는 믿음을 가지자.

잘 알려진 것처럼 우리나라의 선진 경제지표에 반하는 암울한 통계들이 있다. 국민 행복도, 우울증, 자살률 등이다. 더욱 안타까운 것은 평균 이하를 기록하고 있는 '국민친절도'다. 1970, 1980년대는 그다지 잘 살지 못했고, 외식문화도 한참 뒤쳐져 있었지만 그래도 대체로 친절했고 서비스도 나쁘지 않았다. 최소한 타인을 생각하는 마음이 있던 시절이었다. 전 국민이 불친절한데 레스토랑의 직원만 친절하기를 기대하는 건 무리일 수도 있다. 하지만 그래도 외식산업 종사자는 그러면 안 된다. 레스토랑은 환대의 마음을 제공하는 곳이기 때문이다.

마지막으로 고객 문제가 있다. 세계 각국의 고객이 찾는 뉴욕에서 레스토랑을 운영하는 주인들의 통계에 의하면 가장 진상을 부리는 손님은 대체로 중국인이다. 무례하고, 시끄럽게 떠들고, 다른 손님을 배려하지 않는 사례가 빈번하다. 창피하게도 두 번째는 한국인 손님이다. 여전히 '손님은 왕이다'라는 생각에 사로잡혀 직원들을 마구 대하거나 큰 소리로 호출하고, 기본적 예의가 없는 경우도 많다.

맛있는 음식을 나누며 좋은 시간을 보내러 방문한 레스토랑에서 무례할 필요는 없다. 이는 직원뿐 아니라 다른 손님의 기분도

일본 오사카의 일식당 입구. 깨끗한 식당 입구에 나쁜 기운을 쫓아내는
소금이 있다. 여기에 '만석'임을 알리는 안내가 정갈하게 놓여 있다.

망치는 일이다. 손님도 직원을 배려하고 존중하는 마음을 지녀야
한다. 서로 예의를 갖추고 대하면 고객은 좋은 서비스를 받아 기
쁘고, 다시 레스토랑을 찾아 보답한다.

　우리는 많은 시간을 레스토랑에서 식사하며 보낸다. 누군가가
나를 위해 정성껏 음식을 만들어주고, 또 편안함과 친절을 제공
하는 곳이 레스토랑이다. 후자가 없다면 그건 그저 맛있는 배달
음식일 것이다. 서비스가 좋다고 정평이 난 레스토랑은 방문하기
전부터 살짝 흥분되기도 한다. 기대감 때문이다.

　음식의 맛과 양이 충족된 다음 단계는 선진 외식문화의 정립
이다. 음식문화의 수준은 맛과 더불어 식당의 접객 스타일에서
평가된다. 이걸 이루지 못하면 딱 거기까지다.

이탈리아 알베르타(Alberta Franciacorta) 레스토랑의 와인 디켄팅 서비스.

누군가를 위해 정성스런 음식을 만들고
서비스하는 것만큼 이타적인 행위는 많지 않다.
환대는 좋은 레스토랑의 상징이자 고객과의 약속이다.

낭만식당

마음이 담긴 레스토랑과
소박한 음식의 이야기들

1판 1쇄 인쇄 | 2024년 5월 15일
1판 1쇄 발행 | 2024년 5월 30일

지은이 박진배

펴낸이 송영만
편집 송형근 이나연
디자인 오승예 **마케팅** 최유진 **일러스트** 이은지

펴낸곳 효형출판
출판등록 1994년 9월 16일 제406-2003-031호
주소 10881 경기도 파주시 회동길 125-11(파주출판도시)
전자우편 editor@hyohyung.co.kr
홈페이지 www.hyohyung.co.kr
전화 031 955 7600

© 박진배, 2024
ISBN 978-89-5872-222-9 03980

값 20,000원